花朵的祕密生命

解剖一朵花的美、自然與科學

Anatomy of a Rose

Exploring the Secret Life of Flowers

蘿賽◎著

鍾友珊◎譯

貓頭鷹

■二〇一六年推薦序

好美啊！好美啊。

李偉文

這是一本非常難能可貴的科普書，雖然把它歸類在知識類的書架上是有點委屈的，因為作者蘿賽用文學的感性筆觸，透過花朵，向我們娓娓道出屬於大自然的神祕。

她對花朵的美麗充滿讚嘆，這種對美的感性之情，軟化了其中含括的科學與知識的冰冷。總是覺得這種更貼近人性的文學手法，對環境教育的推廣是很重要的。

其實，在一百多年前從美國開始的自然保育思潮，甚至最早的「自然解說員」這個名詞，都是由學文學的人所創造出來的。透過這些文人及藝術家，把大自然裡美好的事物和經驗透過生動的筆觸及感人的文字，介紹給民眾，引領了更多人去接近自然，以至於被感動後獻身於自然保育運動。

遠的國外經驗暫且不論，臺灣的保育運動從民國六、七〇年代從保護紅樹林及林安泰古厝開始，然後是為飛至墾丁的候鳥請命，一些非常具有影響力的作家如張曉風、龍應台等人寫出一篇篇感人至深的文章，後來再加上韓韓馬以工的《我們只有一個地球》這本書暢銷數十萬冊，號召不少民眾以保育的觀點重新看待我們的環境，也奠定了臺灣自然保育運動的基礎。

因此，我深深覺得，自然科學以及生態保育本身的各種知識，對一般民眾而言，並不足以引起改變他們行為的誘因，尤其在知識爆炸的現代，每天每個人都在數以千計的訊息疲勞轟炸之下，如何穿透這些訊息深植民眾腦海裡，唯有設法讓民眾懂得欣賞，從體驗中感動到他們的心，才能達到改變觀念改變行為的目的。

因此，如何用文學性的手法包裝生物學識，懂得欣賞，懂得分享就相當重要了。

尤其花是最好的媒介。

就如同作者所說的：「沒有花，世界對人類來說就是死寂的。」人類的所有生命歷程，與花息息相關，是的，我們在節日、生日、畢業、婚禮、周年紀念日、喪禮時，都送花，在生命的高潮與低潮都需要花來襯托。

因為花，讓我們的生命增添許多深情與感懷，花開令人醉，花謝使人惆悵，日本的櫻花祭更是寄託於花的生態特性所展現出的民族文化。

因為花的美麗，我們更容易從對生命美好的渴望而連結到對自然生命的珍惜。有一首日本古代和尚所寫的俳句，這首詩簡直不像詩：

明亮明亮
明亮明亮明亮啊
啊
明亮明亮啊
明亮啊明亮明亮
明亮明亮啊——月亮

這首歌詞會經幾百年流傳下來，大概是非常傳神的白描出，一個人面對極美極感動時的驚歎，楞楞的叫起來，沒有形容詞，也無暇想起任何比喻就這麼直統統且理直氣壯地呼喊出。

想起余光中曾經描述他在恆春半島看羊蹄甲開花——「每次雨中路過，我總是看到絕望才離開。」美是這麼令人無法抗拒，余光中的形容詞也真是好到極致了！

在我們帶領民眾做自然解說時，縱使我們只會說「好美啊，好美啊！」我們的心意還是能清楚地傳達給民眾，我們對土地的情感與對萬物生命的愛，會鼓舞起冷漠的民眾與我們一起行動！

也因為花這麼美麗又奇特，任何人都可以輕易被激起對大自然的好奇心與神祕感，而好奇是知識探索的動力，愛因斯坦這麼認為：「人類最美最深的感情，是神祕的感覺，它是所有科學的起源，無法認識這種感覺的人，不再肅然而立嘆讚宇宙奇妙之工，這種人活著與死了沒有什麼兩樣。」

拿起這本《花朵的祕密生命》，讓我們跟著蘿賽進入這神奇的自然世界。

李偉文　牙醫師、作家、環保志工。

■中文版序

原來大家要的不只是拉丁文

萬生

我們一向把花跟愛聯想在一起，希臘人讓少年變成了水仙，愛是維納斯，維納斯是玫瑰。我們也一向把美女和花想在一起——「雲想衣裳花想容」。我們也都會為花設想情境——「蝶為才子之化身，花乃美人之別號」。花間情事，儘是才子佳人，「在花園裡散一趟步，簡直會讓人臉紅（第七十八頁）」。我們也都曾捧過一束幽雅芬芳，追憶，西番蓮熱情如火，夜在燃燒。

可是真研究花的植物學家卻不這麼浪漫，植物學家描述花不會說牡丹花是一種「像楊貴妃微笑一般美麗的毛茛科植物」，他們會說「花瓣分離，雄蕊多數」，甚至他們不強調白牡丹、紅牡丹，因為花色變異太大，性狀僅供參考。花香不能量化，「春風拂檻露華濃」，每個人感受的香氣是不一樣的，也不在描述範圍內，更過份的是深印植物學家腦中的是，壓得扁扁，一莖槁黃的風乾臘葉，而且不論牡丹、芍藥，最穩定可靠的特徵是花粉，於是架起了顯微鏡，鏡底學問恁大，卻不見了花的模樣。

我唸了幾十年植物學了，常得回答「這叫什麼花？」的問題。可是說花的語言究竟該是科學的還是浪漫的卻難拿捏，有時候一說完名字，剛要往下鋪陳，聽者就用「夠了！夠了！」的眼神封殺了我的學問。多少年了，我只怪聽者沒水準，直到看到蘿賽的這本《花朵的祕密生命》，才略有領悟。

聖路易，這個被鹿橋先生稱為「神鹿邑」的地方有個密蘇里植物園，一九九九年在這裡舉行了第十六屆世界植物學年會，是寫這本書的楔子。這個植物園的園長雷文眼光遠大，老早就看見了世界上的生物正在大滅絕之中，就全力幫助全世界每一個角落的人保育各地多樣的生物，生物多樣性的維護是沒有國界的，密蘇里植物園和台灣也聯手保育我們的生物資源。我們可以想見蘿賽在密蘇里植物園中最老的林奈溫室磚牆邊一個屋簷下講會說話的樹的故事，也說到要聽一夜頭白的芒草開花的唏唏嗦嗦，得趕在天亮之前。她把分類鼻祖林奈，在巴別塔和生命之樹下嘔了一頓，還說「植物拉丁文是隻活狗，活狗比死獅子好」。或許可以說，活著的植物比乾黃的標本好。於是我知道為什麼我剛用活狗的吠聲說完花的名字，就會被示意止吠，原來大家要的是花不為人知的一面，不是拉拉丁丁的學名而已。

或許一如花的祕密，人類要探索的是，美的黃金比，香的由來，蜂、蛾、曼陀羅，白色露珠草和豬。如果這樣還不夠，那就探索恐龍、大地、島嶼。像這本小書一樣，從大地、島嶼、KT界限、六千五百萬年、DNA，繞上一圈，回過頭來再看，花就顯得更有精神，更引人，更美。

啊！是這樣一本可愛的小書，真是「眾裡尋他千百度，驀然回首，那人正在燈火闌珊處」。

黃生　國立台灣師範大學生物系教授，美國聖路易密蘇里大學博士。專長領域為生態與演化。

■中文版序

美麗與真實

凌拂

宇宙從不遮掩在自然界裡是無所謂善惡、真偽與殘忍的。物種演化、萬物生存的意志原本大於一切，在這個前提下，所有生物的氣息、顏色與造型……都是它存在的一種形式。宇宙自然有著它非常獨特的個性，渾濛裡不發一語，只是呈顯，一恁人類看到他們所看到的樣子，但是又並不保證他們所看到的可確是萬物的本貌。或者僅是某個靈光一閃的片斷。

閱讀《花朵的祕密生命》便是這樣一個還原的揭示過程。透過閱讀，我們從表相涉入，逐步接近原點，看到事物迴異於我們尋常所認知的樣貌。探索花不為人知的一面，不僅是個人肉眼世界的擴大，同時也是心靈世界的啟迪。

一花一世界，三千大千世界，每一朵花都是一個須彌瀚海，而芥子又可以含納須彌。透過書中的分鏡，這樣一個世界從微分處微觀，每一個微細芥子中的變化都氣象萬千。芥子納須彌，如是，須彌之中還有須彌，芥子之中猶有芥子，花間世界，一花化身千億，一粒花粉也是玄奧世界，一旦超越肉眼所觀、那個更深邃的部分，我們往往只能在驚詫中久久為之撼動。

蘿賽的筆，在知識與官能的美感之間有著動人的相融，簡潔的力量如自然一般在語言中呈顯真貌。她對花的美充滿了驚嘆，在她微分的探索下，如果我們對花的構造認知，只停留在花冠、花萼、花蕊……這些表面的名相，那麼在這一本談花的驚人之處的書裡，這些對花的知識認知便太過粗略了。蘿賽發現生命奧祕的規律是「美麗寓於實用，美麗暗藏殺機」，傳種、生殖才是世間物種最大的目的。為了這個目的觀其構造，自然的種種現象可以說是處心積慮的。因此，當人類拿玫瑰的生殖能力換取欣賞價值的時候，玫瑰會因此永遠失去了它的原初，對玫瑰而言，是要付出相當代價的。

花本身就是一個性器，即便植物在行動上不若動物那樣自如，但在性事的選擇上竟同樣具有強烈的主導性。植物雖然看似安靜，但並不對所有的傳粉者全數接納，如傳花、授粉這般敏感的碰觸，花只對它認可的特定對象發出呼應。

因此，如果以人類的語言來說，所謂擬態、偽裝、仿冒、狡詐等等不入流的把戲，植物界一樣不少。當然美麗是不見得需要探求真相的。我們看花在安靜中互相傾軋，在沉默中彼此靜靜的掠奪對方，一樣無損於它的美麗。大地充滿禪機，見花非花只是還歸自然的本來面貌，我們對真相的了解愈多，對美的喜愛就愈不含糊。存在必然要有本領，物種的每一個構造都具有它最真切的旨意，令人驚訝的真相，生命有它的彈性，也有它的主見，花兒長成它自己的那樣，說著它獨特的、我們不懂的語言，生命有意思得很。美麗與真實，一樣的世界，蜜蜂眼裡所折射的光度，牠看到的和我們所看到的是不一樣的世界。

凌拂　散文創作者。曾獲中國時報散文暨報導文學獎、聯合報散文獎暨年度十大好書、洪建全兒童文學童詩、童話暨散文獎等。著有《世人只有一隻眼》、《食野之苹》、《木棉樹的噴嚏》、《台灣的森林》、《森林的誕生》、《與荒野相遇》等書。

致謝

我要謝謝我的丈夫彼得、兩個小孩大衛和瑪麗亞。他們對我的支持始終如一，是我的重要支柱。彼得是我在家的編輯；瑪麗亞陪我參加了在密蘇里州聖路易舉辦的第十六屆國際植物學研討會，她是個逗人開心的旅伴。還要謝謝我的朋友史丹福陪我參觀亨丁頓花園。

庫克是我在普西斯書局的編輯，鼓勵我依直覺行事，說我要說的話；這本書能付梓，她居功厥偉。

寫這本書的手稿時，我打電話、發電子郵件向很多我不認識的熱心人士求教，有男有女；我參考他們的研究，徵求他們的意見。以下的學者曾不計時間精力地協助我，我對他們有說不完的感謝。

以下人士給了我寶貴的幫助；然而，若這本書最後仍不免有疏漏之處，我當負全責。

卡特就書的最前面部分給了我一些好建議。瓦瑟從頭到尾耐心把每一章讀完，很多章節他都有給我意見，有些地方他甚至看過兩次。三十多年來，瓦瑟活躍於花的生理研究，我的書目還有註釋很多都援引他的研究。他願意幫我，正顯示了他對教育及環保的真誠關注。我想瓦瑟就是那種永不言倦的人，可以邊作飛燕草的演講，邊同時拋接六顆球，而且只用單腳站立。

奇卡堪為任何有志於科學研究者的楷模。他在蜂類視力和昆蟲行為的研究令人振奮。我在〈盲眼窺視者〉一章的初稿中直接援用了很多他的作品，有些部分考慮非專業讀者的需要，予以刪減。儘管如此，只要是對這個領域有興趣的讀者，都應該會喜歡奇卡的文章，不論是發表在學術或通俗刊物上的。

拉格索給了我很多的鼓勵和幫助。他是〈有所不知〉的主角，也指導了〈玫瑰香〉一章。

布拉迪提供我她的數篇論文，主要是有關花蜜採集的。她也就前幾章給了我一些意見。

懷斯幫我看了有關她在蝴蝶和花的變色研究的幾章。我在〈美的物理〉一章大量援用了她的研究。

麥克唐納為了一些討論複雜演化過程的段落，跟我一起傷了不少腦筋。藉由神奇的電子郵件，澳洲阿德萊德大學的賽摩爾教授審閱了我為〈夜在燃燒〉所準備的資料中，有關他研究的部分。

邦恩斯坦大方審閱了〈鬼把戲〉一章。這章講的是她在互利共生、絲蘭、絲蘭蛾的研究成果。

密希勒是「湛綠計畫」（Deep Green）的發言人，幫我看了〈巴別塔和生命之樹〉、〈花與恐龍〉等章。強生也指點了我〈花與恐龍〉的正確寫作方向。

最後，我要謝謝位於新墨西哥州銀市的西新墨西哥州大學館際互借部門裡的所有工作人員，沒有你們的協助，這本書不可能完成。

花朵的祕密生命：解剖一朵花的美、自然與科學　目次

圖表目次

獻給彼得：我愛你

編輯弁言

本書中文版編輯過程，承蒙牟善傑老師協助查證部分植物譯名，在此致上萬分謝意。

第一章 美的物理

我可以由化學的角度解釋向日葵的美麗。但即使撇開知識不談，我也知道什麼是美的。我所不解的是美何以會牽動我的情緒。

曾經，我祖母在堪薩斯州有一個大花園，用來供應我父親墓前供奉的花卉。我們會剪下一束束的金魚草、百日草、還有大波斯菊，裝進墓碑旁的咖啡罐裡。我父親去世時三十二歲。我們住在新墨西哥州的銀市，那裡的人用節日的裝飾品裝飾兒童的墳墓，像是復活節彩蛋、聖誕樹、塑膠花環、或是情人節的心形裝飾。有些父母在孩子已經去世很多年後仍然保持這個習慣。

直到祖母以九十二歲之齡去世，親人墓上的鮮花從沒間斷過。她送上光彩奪目的金盞花給小兒子牟本，高雅莊重的白菊花給丈夫歐利。

為什麼我們為逝者獻上花束？為什麼我們送花給哀傷的人、生病的人、我們所愛的人？

五萬年前的尼安德塔人，也是以風信子和矢車菊陪葬。

我們獻上的究竟是什麼？

花並不是權力的象徵。它們生命又短又脆弱，不夠象徵永恆。而且，說實在的，花跟人生現實或是人類的需求都沾不上邊。

花有的只是片刻的美麗。

安妮．迪拉德曾在〈教石頭開口〉一文中不平地說：「大自然用沉默作為一種表達方式；世上萬物都是從這塊緘默又亙古不易的石塊上剝落的一小片碎屑。中國人認為，世界儘管包羅萬有，它們並不會告訴我們些什麼。」

迪拉德相信，地球之所以沉默了，是因為我們不再覺得它神聖。大部分人都對這樣的損失不以為意。最後，樹再也不跟我們講話了。

我的經驗比較特別，大自然從不對我報以沉默。它無時無刻不在我耳邊低語，講的都是同一件事；既不是「愛」也不是「崇拜」更不是「噓……挖這裡！」

大自然說的是「美啊……真是美啊！」有時是低語，有時是咆哮。

我登上一個位於新墨西哥州的陡坡，一叢叢的野花開得到處都是。旁邊的人正跟我談論傳粉生物學，但我被野花震懾，沒辦法邊走邊專心聽；我幾乎喘不過氣來。就像隻興奮過度的小狗，我的尾巴被家具絆到，跌了個四腳朝天。

這是個典型的仙人掌沙漠，遍地都是碩大的巨柱仙人掌，望而生畏的結節仙人掌，還有雄赳赳的強刺仙人球。每一株都有自己的勢力範圍，錯落有致，各自展現英姿。紅的吊鐘柳、黃的雛菊、橘的罌粟、紫的亞麻，在滿布石礫的地面一齊綻放、隨風舞動，像是一片從山上延伸到旱谷下的旗海，多采多姿有如喜悅的化身。盛開的花充滿過節的興奮感，我彷彿受邀來到一個派對。

我想起過去，覺得很傷感。我原本是住在這裡的啊！這本是吾鄉。我的家在沙漠裡，群山中，花朵環繞。當初如果留下來，我會過得很快樂的。我默默想著：「到底是發生了什麼事？」

當自然召喚我以美，我不是每次都能給予適當回應。我心急火燎地想要進入它的世界，跪倒在草地上。太美了，真是太美了。我以前很少有像現在感到這麼平靜，覺得身心頓時一片澄澈。

我在鄰居的後院裡，駐足欣賞一朵向日葵。它的花瓣由許多小部件構成和諧的整體，有如印度教的曼陀羅（mandala），向日葵本身也正是由許多小花組成。在花的中心，每朵微小的筒狀花都有用以製造花粉的聚合花藥、迎接花粉的雌性柱頭、以及內含胚珠的子房，而胚珠日後將發育成種子。一切順利的話，每個筒狀花會將自己的花粉傳

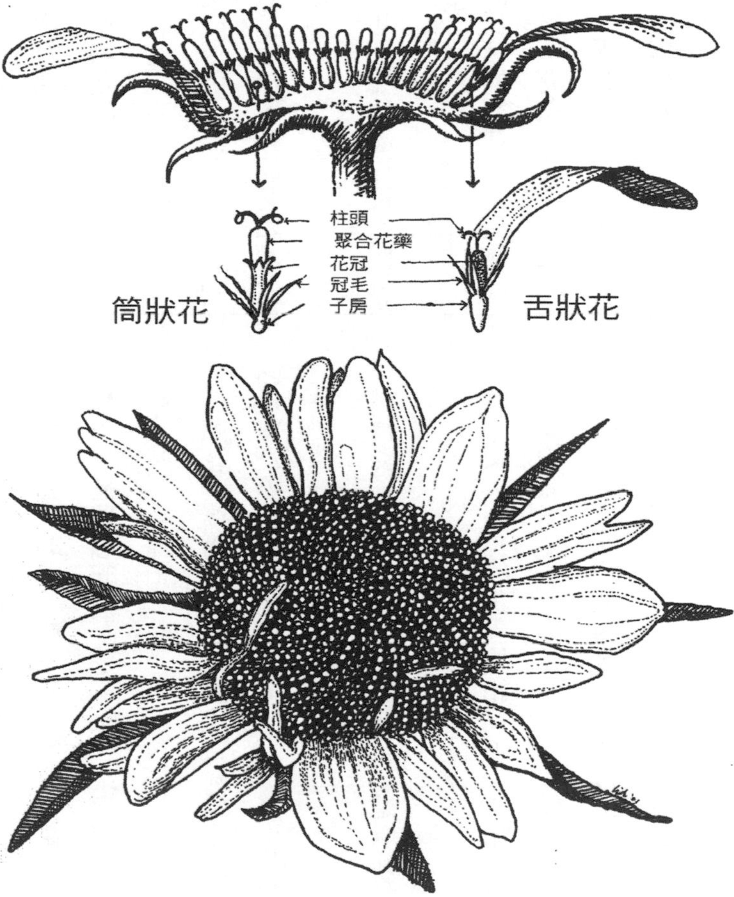

向日葵

給蜜蜂或是其他昆蟲。花粉是極富營養的食物，不過總是掉得到處都是；傳粉者就是沒有辦法擺脫沾在腳上、胸甲、頭部、背部、翼下的花粉粒。最後，有些花粉粒會登陸在另一朵筒狀花的柱頭上，花粉粒含有精子。最理想的情況是，每一朵筒狀花都能得到別朵筒狀花的花粉而受精，讓每個胚珠都能發育成種子。

另一方面，沿著花中心的邊緣，舌狀花一瓣瓣地連成一圈。這對蜂隻而言就像是一圈環狀指示燈。如雛菊和蒲公英，向日葵實際上是一個花序，是由一群小花交織所組成的群落。

這些花瓣是最純正的橘黃色，彷彿蘊含了整個星球所需的能量，足以轉動一個核電廠；也像鐘聲。它輕輕敲開了我的心扉。

向日葵的香味更是莫測高深。我彎下腰，聞到的是土地和葉子的氣味，還有一種淡雅的香氣。有些我聞過卻又說不出是什麼的氣味分子：松烯，茨烯，檸檬烯，有些認不出來也幾乎聞不到的氣味，還有些我永遠都不可能知道的氣味，因為我根本就聞不到。

我可以由化學的角度解釋向日葵的美麗。但即使撇開知識不談，我也知道什麼是美的。我所不解的是美何以會牽動我的情緒。

熱心環保的李奧帕德曾寫道：

對美的物理的研究好像仍停留在黑暗時代。科學家推演著宇宙彎曲的數學式子，卻不曾試著解答美的方程式。誰都知道北方樹林在秋天的景象：大地，楓紅，加上隻乾癟的松雞。用傳統物理學的方式來看，在每平方公尺的土地上，一隻松雞只能代表千分之四左右的質量或能量；然而少了松雞，大地只剩一片死寂。

沒有花，世界對人類來說就是死寂的。世上不開花的植物有苔蘚、葉苔、松柏、蘇鐵、蕨類、銀杏，其他所有的植物，包括我們和其他動物食用的，幾乎都要靠花來繁殖。我們知道花很美，但疏忽了它們存在的必要性。

現在我們要開始探討美的物理了。哲學家和科學家已經攜手合作，整理出了宇宙的一些規律：

宇宙有趨於複雜的傾向
宇宙是個緊密連結的網路
宇宙以達到對稱為目的
宇宙有自己的節奏
宇宙傾向趨於自成一格的組織系統
宇宙仰賴回饋和反應來維持
因此，宇宙是善變而不羈的。

這些宇宙間的規律可能就是構成美的元素。可以確定的是，他們是花的元素。

開花植物在世界各地綻放，成為最複雜多變的植物種類。除了針葉林和滿布地衣的凍原外，到處都見得到花的蹤跡。它們的種類之多令人驚嘆。我們走過開著尖頭小花的草地，幾乎不會發覺腳下踩到了什麼。我們欣賞的是直徑達一公尺、佛焰苞離地面一公尺高、中心突起近三公尺高，尺寸驚人的巨花魔芋。

早期的探險家以為，巨花魔芋是靠大象飲用其根部貯藏的水時，無意間擦到帶著花粉的肉質軸而傳粉的。

大象傳粉這種事是植物版的天方夜譚。不過花的確會藉由各種動物傳粉，如鼬、小型薊馬、或是鳥類、蜥蜴、蝴蝶、蚋、蟑螂、松鼠。在非洲有種花是長頸鹿幫忙傳粉的，而巨大的巨花魔芋則是靠埋葬蟲傳粉。

和巨花魔芋一樣，大部分的花都得仰賴雙方合作。它們要靠跟自己完全不同的物種，把精子帶到另一朵花去，再把其他相配的花的精子帶到自己的子房來。

有些花是靠風來傳粉，採航空寄件。不論是希臘流傳的北風可以使母驢受精，還是蜘蛛女或摩西曾使紅海從中分開的故事，都不會比這個更匪夷所思了。

美的物理以數學為基礎。向日葵的種子以螺旋狀排列，數量呈費氏數列遞增：二十一、三十四、五十五、八十九，有的花特別大，甚至會有一百四十四顆種子。每一個種子數量都是前面兩個的總和。這樣的螺旋幾乎隨處可見，例如松果、軟體動物的殼、鸚鵡的喙與螺旋狀星系。第十四個數目之後，每個數字除以前一個數字，就會得到名為黃金比例的長寬比。古埃及的金字塔、希臘帕德嫩神廟以及幾乎所有的美術、甚至音樂創作，依尋的都是這個比例。在我們內耳螺旋狀的耳蝸裡，音階也是以近似的比率振動；音符和低一音階的音符，兩者振動頻率相除，得到的就是近似的比率。

美的模式不斷重演。

更巧妙的是，美的物理自有一套獨一無二、自成一格的組織架構。科學家已經知道，不論是花對外界的敏銳度、或採取行動時的個別差異，都遠遠超乎我們的想像。植物會對這個世界做出回應。植物有自己觀察、觸碰、品嚐、嗅聞、聆聽這個世界的方式。

儘管在土壤裡生了根，花可是一刻也靜不下來的。大家都知道向日葵會隨太陽轉向，早上向東轉，下午向西轉。位於莖的地方有對光敏感的細胞，可以「看」到陽光，而莖生長的方向帶動了花轉的方向。在植物中，有些細胞能夠看到光譜的紅光波段，有些可以看到藍光或綠光。植物甚至可以看到我們看不到的光波長，像是紫外線。

大部分的植物都對碰觸有反應，例如捕蠅草會迅速闔起來，輕碰豆科植物攀爬的鬚藤會使它捲起來，而風的吹拂會讓幼苗長得矮而結實。隨著碰觸植物部位、次數的不同，可以讓它決定是要關閉氣孔、延後開花的時間、增加新陳代謝速率、還是製造更多葉綠素。

植物對碰觸是很敏感的。

植物嚐遍我們周遭的世界。向日葵用根品嚐泥土，以探尋養分。它的根可以深入地下兩、三公尺試吃，品評出最好的食物來源，然後向那邊長去。有些植物的葉子可以嚐出毛蟲唾液的味道；附近若有受毛毛蟲侵害的植物，還能嗅出它們釋放出的化合物。研究顯示，有些種子若聞到或嚐到菸的味道，會更快發芽。

某些特定的聲波也可能會促進發芽。向日葵和豆科植物一樣，都會因聽到某種似人聲、但分貝較高的聲音，而長得更快。

花和傳粉者有其他的辦法經由聲音找到彼此。有種熱帶藤蔓植物是靠蝙蝠傳粉的，它用有凹陷的花瓣反射蝙蝠發射的聲納。蝙蝠呼喚花，花也作出回應。

我們對花所知愈多，花就愈形活潑靈動。也許透過這樣的傾聽，可以讓植物對我們重新開口。

我仍然可以聞到祖母花園的香味。

對於向來摯愛的花朵，我們才剛剛要開始去了解。

第二章　盲眼窺視者

看一眼這個招牌吧，拜託！不用等人帶位，晚餐就在這裡吃了嘛。

我們走過開滿野花的田野。一叢叢紫色點綴了整片山坡。駐足近看，才發現是紅色的躍升花，橘色的球葵，藍色的亞麻，黃色的金盞花。花朵讓我們置身於點描畫的世界裡。我們胸中的重擔消失無蹤，覺得無比輕鬆，心情如旋律般飛揚。我們真想像鳥兒般歌唱。

不消說，我們愛花是基於對色彩的喜愛。人的眼睛會處理反射進來的光線，將之傳到大腦，色彩的知覺就產生了。色彩早已跟種種情感意念脫不了關係：黃色代表愉悅，灰色代表傷心，白色超凡脫俗。失去辨色能力的人，對淚水的認知，只跟它的成分有關。有個男性病患眼中，妻子和朋友是「會動的灰色石雕」，食物和性愛都讓他反胃；人生似乎一無是處，顯得汙穢而虛假。

大部分的人往往把色彩的存在看作是理所當然的事。我們很少注意到迷人的藍天，對維繫生存的綠色也視為家常便飯；非得要一朵粉紫色的天竺葵才能讓人眼睛一亮，要玫瑰的紫紅色才能讓我們讚嘆。我們喜歡倏地映入眼簾的橘色、瞬間閃過的一抹藍。

超過二十五萬種的植物會開花，形成一個由顏色、香味、形狀所組成的龐大隊伍，壯觀程度足以媲美邦能*的「世上最偉大的秀」。

不過這秀可不是表演給人類看的。我們儘管坐在戲院裡鼓掌讚嘆，其實大部分的演出內容都看不懂。我們錯過了一些最精采的把戲。花暗藏我們察覺不到的模式，也反射出我們意想不到的色彩：紅罌粟對熊蜂來說不是紅的，黃色委陵菜在一隻蝴蝶看來不見得是黃的，紫色金魚草有著異樣的閃光。

當我們被花環繞，我們看到了榮耀，覺得受到鼓舞，滿懷感謝。我們是這麼的無知，可比盲眼的窺探者。

我躺在草坪上，依偎著一叢雛菊。它們的中心是蛋的黃色，花瓣是柔和的乳白。附近有朵躍升花正誇示著自己如喇叭般修長的花瓣，這些花瓣併合形成一個有五個角的

＊邦能（P.T. Barnum），美國人。身兼劇場經理人、藝人、公關多重身分。他於一八七一年展開他著名的巡迴表演，該表演於一八八一年和詹姆斯・貝利（James A. Bailey）的秀合併，成為邦能和貝利的「世上最偉大的秀」。——譯注

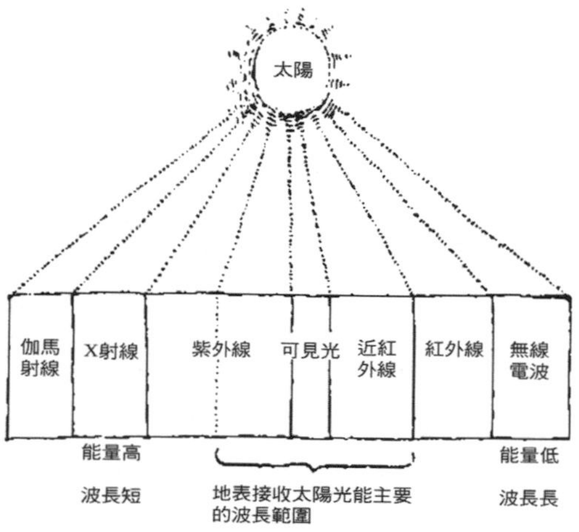
太陽
伽馬射線
X射線
紫外線
可見光
近紅外線
紅外線
無線電波
能量高
波長短
地表接收太陽光能主要的波長範圍
能量低
波長長

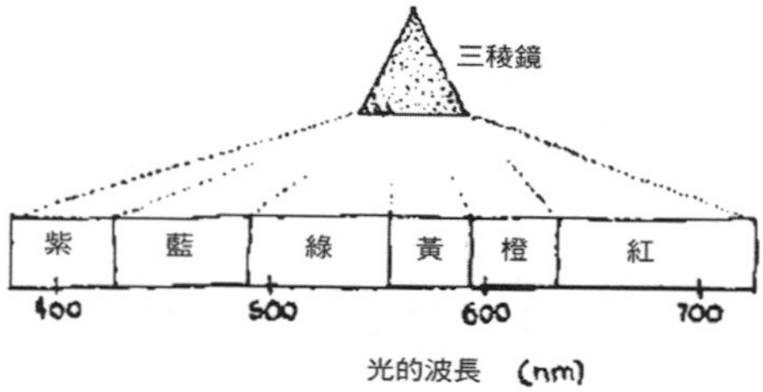
三稜鏡
紫
藍
綠
黃
橙
紅
400
500
600
700
光的波長 (nm)

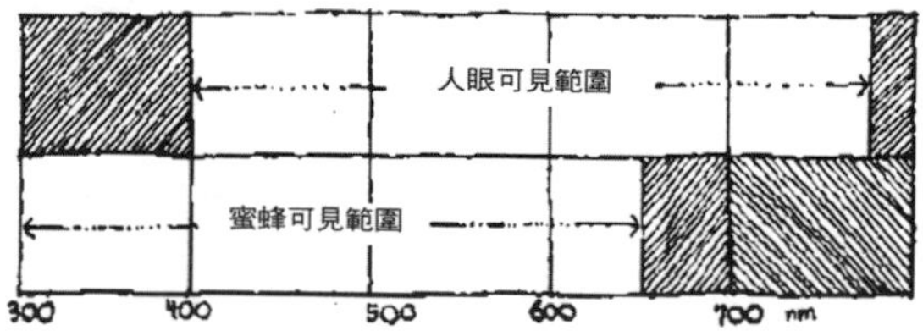
人眼可見範圍
蜜蜂可見範圍
300
400
500
600
700 nm

光譜

星形開口。我只剩下幾分鐘的時間了，螞蟻將爬上我的腳踝，有刺的葉子會扎皮膚，我會感到很不自在的（畢竟現在離地面這麼近，連三十公分都不到）。很快我就會想要起身，重拾我兩足動物的視野。

有好幾分鐘之久，雛菊的白色花瓣占據了我整個的心思。土地和樹葉的味道是如此熟悉。當陽光炙熱的能量潤澤田野，我被他放送的一陣陣的波輕搖入夢。波長最長的有無線電波、紅外線，還有近紅外線（就是它讓我赤裸的腿曬得發燙）；波長最短的有紫外線、X射線、伽馬射線，它們多半都不會到達地球表面。

而在紫外線和近紅外線之間，滿載能量的光子的波長恰在人類看得見的範圍，屬於可見光。我們會把不同波長看作是不同的顏色；光譜其中一端是紫色，另一端是紅色。

我稍稍上前，紅色躍升花的花瓣登時放大，占據了整個視線。花瓣細胞中含有色素，會吸收或反射不同波長的光。躍升花的色素就是反射了紅光範圍裡的光波；大部分其餘波長的光波都被它吸收了，所以我看不到那些顏色。

花把那些顏色藏起來了。

我看到的是進入我眼中那被反射的紅光。眼睛會把它轉換成電化學能量，送到大腦，於是我心中浮現：「嗯……猩紅色，是個鬥牛士。」

儘管那些看到光線、看到紅色的原理我全都明白，但是這些現象是如此複雜，而且就發生在那一瞬間；說真的，我也很訝異我竟然能夠用三言兩語就說清了。

我又轉向那朵雛菊。

有些白花的色素，會把所有可見光譜內的光都反射回去，不管是紅、橙、黃、綠、藍、還是紫光。當物體的所有顏色都被反射掉時，我們就看見白色。

然而，大部分的白花靠的不是色素，而是花瓣細胞間滿布空氣的間隙來反射光線。同樣道理，雪花之所以是白的，是因為結晶顆粒之間有填滿空氣的間隙。花細胞不同的排列可以造成光線散射或高度折射，產生從天鵝絨地毯般霧濛濛到晶瑩耀眼的不同效果。如果我們擠壓一朵含有空氣間隙的花，使空氣散溢後，軟綿綿的花瓣將變得黯淡無光。

如果所有可見光都被花瓣或其他物體吸收了，我們就會看見黑色。黑色的花並不多見，不過一九三九年有人在墨西哥的瓦哈卡發現過。五十年之後，一位植物學家出發尋找這朵學名叫 *Lisanthius nigrescens* 的花，他描述這朵花看起來像是「點點發亮的煤油」，花開時寬二·五公分，有如「黑色撒旦的鐘」。他在實驗室裡發現這朵花會製造巨量的色素，以驚人的速率把紅到紫的所有可見光吸收殆盡。沒有人知道這花靠什麼傳粉，也想不通一朵花幹麼要一襲黑衣。

綠色自然是我在這片原野主要看到的顏色：雛菊葉子的深綠，躍升花莖部的淺綠，嫩草的寶石綠，杜松和北美黃松的蒼綠。在學校，我們大概都學過光合作用（事實上，在教堂裡可能還會把這個主題學得更好），稱作葉綠素的色素把光轉換成能量；我們都仰賴這個作用的恩賜。

葉綠素在紫藍光和橘紅光波長範圍時，吸收效能最佳；綠光的波長沒有利用價值，所以會被反射回去。生物學家對此做出可能的解釋是：當初遠古植物在有著大量水生細菌的深海進行演化時，這些細菌吸收利用的就是綠光；於是，能夠利用其餘波長的似植物細胞較其他細胞有生存機會。登上陸地後，有了充足的陽光，植物只需維持原來的效率繼續反射綠光，不必吸收所有的光就能存活。今天我們不會走在「黑色撒旦」樹下或在煤黑色的野地上野餐，或許就是因為這個原因。我很慶幸植物有這樣的先見之明。

一隻蜂來拜訪雛菊了。這傢伙啪叮一聲落在花上，引起一陣震顫。雛菊似乎突然精神一振，鬆了一口氣。

我樂意當雛菊的情人，隨著有節奏的波動搖滾，在陽光的輕哄下入眠。我願擁抱紅色的躍升花，紫色的馬鞭草，橘色的天人菊，藍色的亞麻，黃色的櫜吾。我渴望雛菊，為著它的愛和色彩。不過我並不想玩真的。我不打算為這些花傳粉，這些花也不曾為我等待。

蜂類是稱職的傳粉者，牠們的種類超過兩萬五千種，有大有小，有的沒有螫刺，有的富攻擊性；有的喜歡群居，有的偏好獨處。我們長期以來一直都在研究蜂類，尤其是蜜蜂，牠們能幹的程度總是超乎想像。這些小東西會跳舞，能彼此溝通，有記憶和學習的能力，向來被稱作是昆蟲界的智多星（很不公平的，蝴蝶卻被視作金髮蠢貨）。蜜蜂教我們千萬別把人看扁了。

蜜蜂有三種感光受器（又稱為感光細胞），對紫外線、藍光、和綠光的區域最敏感；人類最敏感的區域則是藍、綠、紅。物體反射或吸收紫外線，決定了蜂類眼中的世界。

在這山上的草地上，黃色的數量之多嚇了我一跳，舉目所及都是不同品種、各式形狀大小的黃色花。黃色是如此明亮，看得叫人興高采烈。（大自然可是趁著大減價，把一抹抹黃色全部搬回家？）

在我看來，所有的黃花看起來都是黃的，譬如土荊芥、油菜、蕪菁的花。不過由於這幾種花反射紫外線的方式不同，蜜蜂看到就是三種不同的顏色。

對人眼而言，光譜兩端的紫光和紅光，加起來會變成紫色；對蜜蜂而言，波長兩端的紫外線和橘紅光，合起來會成為科學家稱為「蜜蜂紫」的色彩。他們當然也可以用一些更陌生的名字稱呼這個顏色，比如「foog」或「orumpho」。

當人眼可見光譜內的光都被物體反射回來時，我們就看見白色。當蜜蜂可見光譜的光，包括紫外線，都被反射出來時，蜜蜂會看到「蜜蜂白」，那是一種人類看不到的顏色。

對蜜蜂來說，大部分我們看成是白色的花都是藍綠色的，而雛菊的綠葉看起來是灰的。儘管蜜蜂能看到的紅光範圍有限，但是只有少數的花會完全吸收蜜蜂所有的可見光成為「蜜蜂黑」；反射些許藍光的紅花在牠們看來是藍色的，反射紫外線的看起來就是「紫外色」。

紫外色是怎樣的一種顏色？紫外色和藍色合起來又會是什麼色彩？若是黃色加上紫外色呢？這些草地上的花究竟是什麼顏色啊？

我們無從得知，因為我們看不到。

也許，再也沒有其他事情，比想像超乎自己演化經驗的情形，更讓我們感到乏力。我們不會產生那些化學反應，也沒有牠們的神經元，沒辦法讓這些色彩在腦中顯示。

躍升花在微風中搖曳，鮮明的紅色在風中搖出微微的橘。白色斑點點綴著每朵花的星形開口，一路延伸到由花瓣癒合成的喇叭形花冠深處。更深處，還可看到鮮豔的粉紅。

花一旦吸引到傳粉者的注意，就有機會讓各種色彩發揮功能。像是這些小白點之類的指示記號，能指引動物來到貯存花蜜或花粉的地方；花中央的環就像是公牛的眼睛；直線和箭頭也有神奇的指示效果；鳶尾花上的黃色痕跡則是停機坪，引導小型飛機降落；沼澤上的龍膽有一行行綠色斑塊指引明路，猴面花的橘色斑點也有相同功能。

看一眼這個招牌吧，拜託！不用等人帶位，晚餐就在這裡吃了嘛。

花不同的部位也有不同的色彩，各自反射或吸收紫外線，有些顏色標記人類的眼睛是看不到的。

想不到的顏色、不尋常的花紋，這雙重視界帶給我一陣興奮的震顫。說明白點，我好想看到蜜蜂所能看到的。

讓我滑入這夢的深層。
讓我揭開眼前的面紗。

目前發現的花化石，最早可追溯到一億兩千萬年前，那時蜜蜂早就出現了，而且可能早在花出現前就有了色彩視力。在這演化之舞當中，花最先是向蜜蜂獻殷勤。花的顏色是招引牠的部分誘因，「來嘛，來嘛……來到我身邊。」花這樣低語著。

當然，花演化的目的是為了要吸引更多樣的昆蟲。蝴蝶的可見光譜是從紫外線到亮紅色，可看到的顏色比蜂類多，也比我們多，有些蛾類的色彩視力就像蝴蝶一樣好。甲蟲是重要的傳粉者，而糞金龜能區分黃和橘、紫和藍、黃綠和淺綠。大部分的蒼蠅看見的世界是彩色的。小巧的薊馬靠採集花粉維生，對藍綠、藍、和黃色最有反應。不過其他傳粉者，包括胡蜂、蠼螋，蟑螂、書蝨、蝗蟲、蟋蟀還有花翅蛉，都還沒有人研究過牠們的色彩視力。

鳥為很多花傳粉，有絕佳的視力。不論雌雄，燕八哥都有一身黑得發亮的羽毛，雖然在我們看來都一模一樣，在牠們彼此眼中可是大不同。吸引牠們的是反射紫外線的圖案，鳥類的書籍印不出來。和蝴蝶一樣，鳥可以輕易看到紅色。在美洲，蜂鳥喜歡造訪紅花；缺乏傳粉鳥類的中歐一帶，紅花也就比較少。

哺乳類也能傳粉。夜行性蝙蝠通常都吸吮白花或乳白色花的花蜜，因為這些花在夜色中看起來較為醒目。許多地鼠、小型有袋動物、齧齒類動物喜歡在破曉時刻覓食，牠們偏好輕淡的顏色。富含花蜜的花主要靠香味吸引哺乳類，顏色通常較為黯淡、單調，也常常靠地面生長。

這些白色配蝙蝠、紅色跟鳥的模式，稱作「傳粉綜合徵」。科學家一度認為顏色、香味、形狀這些花的特徵會形成像是拼字遊戲的東西：標明花的種種特徵後，就會浮現一個特定傳粉者，出於天性必定相中黃色金盞花或紅色躍升花；一朵狹長、呈管狀、有著甜蜜香氣的藍色花，就會跟蝴蝶配對；紅色無香味、喇叭形的花就非蜂鳥傳粉不可；淺綠色、發出惡臭的花，則是吸引蒼蠅囉。

如今大多數科學家都不再迷信「傳粉綜合徵」或「天生偏好」之類的理論，鳥、蜂類、蝴蝶的彈性實在太大了。牠們是自私自利的，只願意為自己最喜歡或最容易找到的花傳粉，而沒有註定要為哪種花傳粉。牠們對野地已是老經驗了，只憑選擇性和機運決定怎麼做。

在一個實驗中，實驗者給年幼的黃鳳蝶看不同顏色的紙花，結果牠們最喜歡黃色，其次是藍和紫。然後，實驗者拿一種有黃色品種，也有洋紅色品種的野花作試驗。他將沒有花蜜的黃花，以及有花蜜的洋紅花拿給蝴蝶看。為了把花蜜從黃花中吸乾，實驗者事先引入了一大群飢餓的蝴蝶；為保證花蜜已被吸乾淨，他還在裝花蜜的小管中插入了小紙籤。

結果，黃花仍是黃鳳蝶的最愛；然而不過十次的拜訪後，大部分的蝴蝶都轉向了洋紅色的花。最後，這些已經有經驗的蝴蝶面臨了第三種選擇：有花蜜的黃花以及沒有花蜜的洋紅花。很快牠們又改回來了。

蜂鳥也是同樣的情形。牠們本來喜歡的是紅色，但如果我把田野中一半的紅色躍升花塗成白的，把剩下的紅色花的花蜜移除，牠們就會轉移陣地到白色花。

顏色是一種微妙的誘惑，像一種廣告，而紅色就像是塊大型廣告版。

可樂！百事可樂！來唷！

產品是需要些炒作的。

有些花得仰賴不實廣告，用顏色和香味來暗示有獎賞，然而這獎賞永遠不會兌現。這類花的確得靠剛孵化、尚保有堅強本能偏好的傳粉者來光顧。有些高明的模仿者甚至能一而再，再而三地騙到傳粉者。

花兒搖曳、逞豔、咆哮。

來我這兒，來我這兒……過來！

研究花的科學家常需要把紅色的花瓣塗成白的。他們用的是一種壓克力染料，聲稱不會對花造成傷害，或對傳粉者產生不良影響。然後他們就退到一邊觀察：這回誰會來拜訪它？花也會自己嘗試變換顏色，而且都能達到預期效果。花只要受精了就可以變色，也可以等到應當已受精的年紀時，自動變換色彩。新的色彩告訴傳粉者這兒不需要牠們效勞了，蜂隻可找別的花，當然最好是同株植物或同個花序的花。

一個更直接的辦法就是讓花掉落枯死。然而如果生殖過程還沒結束，花的某些部分可能還會用到。即使在完成受精後，花對於同株中其他還沒有受精的花仍然有利用價值。只要整個花叢還在，仍能繼續吸引遠道的傳粉者。

變色極為常見，其繽紛程度往往超乎想像。在同一科的花中，可能有些屬會變色、有些不會變色；同一屬中，也有些種會變、有些不會；同一種中，有的個體會變、有的卻不會。

變色的機制也五花八門。一種產於西印度群島，名為孟南德洋紫荊的花，初生時是白色的，中心花瓣的中央有塊大紅斑；老化後，中心花瓣會後折，遮住紅斑，同時周圍四片花瓣會轉為淡粉紅色，於是整朵花看起來都是粉紅色的了，傳達出一個強而有力的訊息：「我老了，別碰我的柱頭。」

同一屬的花中若出現某種色素，會讓黃花變紅花；若缺乏某種色素則會讓白花的黃色環帶消失。酸鹼值的變化也會影響花的顏色，使粉紅色的花變成藍色，或把藍花變成粉紅色。

靠夜行蛾類或蝙蝠傳粉的花，會從白色或乳白變成暗紅、金黃、或紫色。變色後的花，儘管隱沒在黑夜裡，仍能產生香氣，吸引傳粉者來拜訪同株的其他花朵。

白色羽扇豆的旗瓣已變成紫色的。
遍野的白百合明早會是粉紅和紅色的。
黃色的花再也不是黃的了。
消息傳遞著，資訊交流著。溝通暗碼是顏色編成的，而顏色不過是瞬間。

我們走過野花綻放的原野，有我們喜愛的黃色蛤蟆花，儘管它是foog·，還有受歡迎的罌粟，雖然它實際上是反射紫外線的紫外色。我們是盲眼的窺探者，受邀來到一個派對，認不出主人和大多數的客人，一路上笨拙地跌跌撞撞，看不清真相。但是這一切都不重要，我們覺得高興就好。我們知道自己的感覺：花讓我們快樂。

第三章

玫瑰香

花的強烈香氣首先是誘惑，是晚餐鈴聲，也是廣告。

百貨公司的走道擺滿了以花為名的產品：玫瑰、蘭花、紫羅蘭、忍冬、玉蘭、水仙、柑橘花、康乃馨、風信子。我們在肥皂、香水、泡泡浴、乳液、洗髮精、除臭劑中，甚至在空氣清新劑和清潔用品中添加香味。

我們希望聞起來像朵花。

我們跟古今大部分的文化沒什麼不同。古印度人和埃及人用香味敬拜神祇，希臘人是製造香水的專家，聖經飄著縷縷焚香，歐洲人相信古龍水能驅除瘟疫。阿茲特克男性貴族有配戴花圈的習慣。綜觀整個人類歷史，幾乎找不出一個地區或時代，人們不熱中於聞起來芬芳宜人。

今日大部分的香水，都含有三大香味群，又稱為香調*。前調伴隨著一陣撲鼻的花香，如紫丁香或百合出現；中調是主題香味，採用的味道可能有茉莉、薰衣草、或是天竺葵的精油；後調又叫基調，原料來自動物，如發情母鹿的麝香，或麝貓肛門腺體分泌的蒼白液體，這些成分巧妙地予人胴體和體溫的聯想。

人體有他自己的一股氣味，從散布在臉上、頭皮、胸部、腋下、生殖器官附近的腺體散發出來，奇怪的是，人類對生殖器官發出的氣味一點也不動心；自古以來，我們就一直努力壓抑身體所發出的精卵氣味。有一個理論是說，當人類社群結構漸趨複雜後，暗示性慾的氣味會考驗伴侶之間的忠誠度，威脅人類的生存繁衍。老實說，受到文化影響，我們認為自己的氣味很噁心。我們不想聞起來太像人類。

不過，我們可也不想聞起來像「物體」。我們希望吸引異性。所以，香水的前調是從會發出香氣、吸引傳粉者的花提煉出來的，中調則來自聞起來像性類固醇的精油和樹脂，而濃度低的後調，意圖自不待言。

我們不想太招搖，不希望聞起來太像隻鹿或是麝貓。

我們想要聞起來像玫瑰，像柑橘花，像茉莉。

就花來說，它們多半希望自己聞起來是像食物。有些花希望聞起來像腐爛中的屍體，有些花希望聞起來像排泄物，有些則希望聞起來像是真菌。

花有自己的打算。

＊香水的三種香調即散發香味的順序，依序是前調、中調，最後是後調。——譯注

僅僅一朵花就能產生多達一百種的化合物，這些化合物可隨時間變化，混合組成不同的氣味。每個部位的香味可能都不一樣，傳達出不同訊息：在這裡產卵！花蜜在這兒！吃吧！

會製造香味的化合物，劑量大時常常有毒。為了保護植物，它們以揮發性溶劑（容易從液體揮發成氣體的油脂）的形式儲存在特定細胞中，這些特定細胞通常就在花本身；某幾種溶劑可能是花瓣組織製造的，另幾種溶劑則可能是生殖器官負責製造的。花香通常是很多種氣味混合而成的，植物的營養組織也會增加花的香味。

氣味經由揮發作用釋放，一旦釋放到空氣中，分子就開始隨機運動，彼此愈隔愈遠，直到各自被風吹離植物附近為止。不過，有段時期氣味分子是循一定路線擴散的。這稱為「氣味線」的路線有一定的終點，目的通常是刺激昆蟲的觸角。觸角上有幾百個細胞捕捉氣味分子，圍起來的區域大約就是昆蟲的鼻孔所在，有些蛾類的鼻孔可以有一隻小狗的那麼大。狗靠嗅來聞到氣味，昆蟲則是揮動觸角。

昆蟲會順著氣味的來源蜿蜒前行，若氣味消失了，則往下飛或側飛。當一個尋尋覓覓的昆蟲漸漸逼近，終於看見花時，牠可能會突然直線飆向花朵。

花會聞起來這麼香，是因為昆蟲太會聞了。有些蛾類可以聞到一千多公尺以外的東西；有的簡直就像獅毛狗，幾乎沒有什麼聞不到的；其他傳粉者，尤其是蜂類，也能記住並分辨氣味。花可能因此相對演化出一套複雜的香味，促成植物學家稱為「專一性」的現象。

「專一性」指的是傳粉者對某朵或某種特定的花保持忠誠。首先，花「希望」讓自己聞起來、看起來跟競爭者不一樣；其次，花要吸引一個能記得並認出其特質的傳粉者；最後，花要傳粉者忠誠，要它載滿花粉離開後，去為另一朵相配的花授粉。

為了己身利益著想，昆蟲是願意配合的。即使有其他花在開，蜂類可能還是會不變地造訪牠熟悉的紅花苜蓿或粉紅色的紫茉莉，這樣花能得到相似的花的傳粉，而蜜蜂也能熟練地應付該種花。蜜蜂在一趟覓食旅程中，可能會造訪多達五百朵花，所以只要每次能省下一點時間精力，就能迅速累積起來。我們買東西時也是採用同樣策略，每天都上同一家雜貨店，開車上班時也是選擇同樣的路徑。

由於不同的花在不同時間發出香味，昆蟲可以同時忠於好幾位主子。藍菊苣早上有花蜜，紅苜蓿風味最佳的時間是午後，紫茉莉黃昏時開放，接著是月見草的時段。

蜜蜂對於氣味的記憶，是跟一天中的某時段連在一起的。通常，它會規畫出一條「追獵路線」，在適當時刻造訪適當的花，最後逕直飛回巢中。

產生香氣的時機關係到花能否順利繁殖。有些花，像是玫瑰和苜蓿，只有白天有香味，有些花只有晚上會發出香味。

有些香味你我永遠都不可能聞到，因為我們不是夜行性動物。有些香味就像是通往忠誠國度的地圖。

每年全世界甘蔗和甜菜糖的農產量達到一億兩千萬公噸。在澳洲、愛爾蘭、丹麥，每人每年吃掉四十五公斤的精製糖，美國人稍微少一點。花蜜的主要成分是糖水，有時候也含有蔗糖，或是蔗糖、果糖、葡萄糖的混合物。我們大概都能了解蝴蝶的想法，我們要吞下整條糖棒時，也會自動把嘴巴張得大大的。

花蜜不論是在深藏的蜜槽裡，還是在敞開的囊袋中，都是給傳粉者的報酬。每種花分泌花蜜的部位都不同，任何部位都有可能。富含花蜜的花常有濃郁的香味，但不一定是從花蜜來的（由鳥傳粉的花也有香味，但沒那麼強烈，因為鳥的嗅覺不是很好）。花的強烈香氣首先是誘惑，是晚餐鈴聲，也是廣告。

傳粉者接近後，香氣像是可看到的路標般，進一步指引牠到達食物的來源。昆蟲可以從花的香氣，判斷出花是滿載食物或是空的。

花蜘蛛會藉花蜜來認出宿主。牠們躲在蜂鳥的鼻孔裡，跟著牠到處跑，一聞到對的花香，就從鳥喙飛奔而出。

有些花把花粉當酬賞，因此發出的香味主要來自花粉。靠吃花粉的甲蟲來傳粉的植物特別是這樣。蜂類也擅於聞出不同花的花粉。

對花粉香味最好的比喻，也許就像一頓只有幹農活的人才吃得下的早餐：包括了蛋、培根、火腿、起司、馬鈴薯、酥餅、肉汁；於是，一條氣味線由煎鍋向外延伸。

花粉也可以很性感。尚未交配的雌性向日葵蛾聞到花粉的香味時，會提早，並花更多時間向雄蛾發出求偶訊號；於是，更多卵有成熟的機會。

食物、香味、性之間的互動是一種常態。有些花聞起來像是蝴蝶的性費洛蒙*，而

＊費洛蒙是兩個同種生物間用以互相溝通的化學物質。

雄性的樹棲粗腰花蜂會散發聞起來像花香的費洛蒙，香到簡直可以吃了。經過幾千年的模仿和盜用，花的揮發物已和昆蟲的費洛蒙共同演化了；花會仿製費洛蒙，而費洛蒙模仿花香。

我們也是。希望自己聞起來像一朵玫瑰、一隻蝴蝶，甚至是昆蟲的費洛蒙。不只如此，很多蛾的性費洛蒙的主要成分，和雌性印度象分泌在尿液中的性費洛蒙成分相同；這尿液是為了吸引公象，愈大隻愈好。

一項實驗顯示，聞過麝香，即喜馬拉雅鹿的性吸引物的女性，月經週期會變短，排卵更頻繁、更容易受孕。麝香的氣味就跟人類尿液裡的類固醇氣味道相仿，睪酮之類的類固醇的化學結構，則和沒藥的樹脂類似。我們在香水添加這些樹脂，跟我們利用花的揮發物其實是同一回事。

自然界這麼多東西聞起來相像，也許可以用大自然的效率原則來解釋。在一個地方有用的化合物，在另一個地方也能產生效用。我們都來自同一盅原生湯。詩人和科學家一樣，都指出了事物間的共通性。類比是真實存在的，暗喻在化學層面得到彰顯。

聖經裡，詩歌般的〈所羅門王之歌〉說香味是愛的語言：「我以我的良人為一袋沒藥，常在我懷中。我以我的良人為一棵鳳仙花，在隱基底葡萄園中。」

鳳仙花、萊姆、栗子的花聞起來和精液一樣；沒藥的香味跟人體頭皮腺體分泌油的氣味相仿。

我們希望聞起來像玫瑰，像鳳仙。

但我們不想聞起來像全世界規模最大的花序，那將近三公尺高的巨花魔芋一樣（相傳這花是由大象傳粉）。它的惡臭曾令人昏死過去。

我們不願像食蠅芋，因為在海鷗聚落附近演化，變得聞起來像腐爛中的鳥屍。這種天南星科植物呈圓形，盤子大小，灰紫帶粉紅斑，長著叫毛狀體的暗紅色絨毛。它的腐臭吸引綠頭蒼蠅來覓食、產卵。蒼蠅爬進這看似是挖空的眼窩或是挑逗的肛門的玩意，直到花的深處，然後被逮住，而逃脫之路已被絨毛封鎖。

綠頭蒼蠅吸食花蜜維生，並在花裡產卵，但這些卵會因缺乏食物餓死。然後在一瞬間，花釋出了花粉，澆滿了綠頭蒼蠅的全身；接著絨毛枯萎了，綠頭蒼蠅得以重新爬出。

其他靠蒼蠅、甲蟲傳粉的花聞起來可以像是死掉的動物、腐爛的魚、甚至是大便。再配上紅、紫、咖啡等顏色，效果就更突出了。暗色斑點或多瘤的區域看起來像一群正在攝食的昆蟲。這從植物的俗名就可以看得出來：「臭鼬甘藍菜」（skunk cabbage）、「屍花」（corpse flower）、臭鵝腳（stinking goosefoot）*。

我們不要聞起來像食蠅芋，我們卻願意聞起來像茉莉，儘管它的前調在膩人的甜香中帶有明顯可辨的糞便氣味。在最低、可追溯到兒時的層面，在心靈難以覺察的層面，這氣味點明了我們跟世界其他物種的親緣關係。於是，我們習慣在最好的香水加入糞尿味。

多數的花聞起來像家餐廳，用香氣通知（或誘騙）昆蟲這裡有吃的。

有些花則有家的味道，像是安頓一家子的理想處所。蕈蚋在真菌產卵，將來幼蟲孵出後就以花為食；模仿真菌的植物，在森林低處生長，開深紫或棕色的花；花多肉的區域似乎特別能吸引蕈蚋；有種蘭花有片柔滑如鰓的區域，就像是蘑菇的菌褶。

有些花男扮女裝招攬性交易，香氣是它們妝扮的一部分。某種地中海蘭的唇瓣呈橢圓突起，散發紫藍色金屬光芒。花窄窄的最外緣是黃色的，長了一圈紅毛。絲狀暗紅的上瓣在風中搖擺，宛如昆蟲的觸角。這種蘭花不論看起來或聞起來都像一隻雌性胡蜂，當雄性胡蜂發光並上前交配時，花粉就沾到牠頭上了。

擬交配很少見，但絕非獨一無二。全世界各地都有蜜蜂、胡蜂或其他昆蟲，試圖跟虛有其表的花交配。其實只被花騙騙還算幸運的，芫青的幼蟲也懂得縮成一團，使自己看起來、甚至聞起來都像隻雌蜂。這些幼蟲先是依附在雄蜂上，趁機摸進哺育幼蜂的巢室，然後大啖貯存的花粉。

不過還是有表裡合一的時候。「香水花」使用香氣的方法是最赤裸裸、最奇特的一種，它的香味告訴長舌花蜂它有什麼樣的香氣，然後就像在百貨公司為重要的一夜採買般，蜜蜂把有香味的汁液用前腳毛茸茸的觸鬚抹乾。香味儲存在後腳的囊袋裡，跟其他味道結合，就成為獨家調配、難以抗拒的費洛蒙。

香味可以是「來吧！」，也可以是「滾開！」有些已受精的花會改變香味，以告知傳粉者到別的地方去。許多花就此完全停止製造香味，這是最徹底的拒絕方式。

傳粉者也會利用香氣。蜂類會分泌一種費洛蒙來標記剛造訪過的花，這種只能維持

＊這三種植物的中文俗名分別為：地湧金蓮、巨花魔芋、臭藜。——譯注

一會兒的氣味是備忘錄：這朵花沒花蜜了；其他蜂隻對這種味道也會有反應，畢竟誰也沒興趣爬進空的花冠裡。

舉世最名貴的香水「歡樂」（Joy），是由少量茉莉加上大量玫瑰調配而成。玫瑰總令人熱情迸發：羅馬人狂歡慶祝玫瑰節；先知穆罕默德升天時，滴下的汗水掉到地上，化成了玫瑰；而早期的基督教玫瑰念珠，是由一百六十五個乾燥捲起的玫瑰花瓣串成。

玫瑰的香味先是被我們鼻腔中的黏膜吸收，然後，受器細胞會發射訊號到邊緣系統；邊緣系統是大腦最早組成的部分，也是我們的情感中樞。在這兒，嗅覺記憶比視覺記憶維持得更久。

我們想要聞起來像朵玫瑰，而我們的確是。每樣東西聞起來都像其他東西。任一角落都有分子在空氣裡飄浮，跟其他分子推擠碰撞，然後被一個感覺細胞、昆蟲的觸角、狗的鼻子捕捉，被情人吸入。我們想融入這些動作；我們也希望能隨風飄舞，我們也渴望心旌搖曳的感受。

第四章 未來的面貌

不論在飛燕草的距裡，或這充滿生機的世界任何角落，
我都見到演化的足跡。

我鄰居後院的西番蓮，像是由一個聽說過花這玩意兒、但未曾親眼見過的工程師設計打造的，也像是個迷上直昇機的女人設計的。

西番蓮是有層次的。基部由五個綠色萼片加上五個綠色花瓣組成，一圈尖細的副花冠旋繞其上，像是一隻由顏色的同心圓組成的海葵：外緣是淡紫色，進來是一圈白、一圈紫色寬帶、一圈綠色、再細細一圈紫、一圈淡綠，中心則是深紫。

從中心升起將近二・五公分高的花梗，垂下五片像腳踏車煞車墊的墊子，墊子底部沾滿了花粉，閃閃發光，為的是能掃過被底層色塊或花蜜吸引來的蜂類或蒼蠅。「煞車墊」的上方，柱頭呈三裂片伸張，活像一頂滑稽帽子上的旋翼，一頂直昇機帽，一頂上面插支小小螺旋槳的帽子。

這模樣看起來可笑極了。

歐洲來的探險家第一次看到西番蓮後，立刻獻上一朵給教皇，聲稱此花讓他們聯想起耶穌頭上的荊棘皇冠，還有祂在十字架上受難的故事。

他們腦筋裡究竟是在想什麼啊？也許是和我一樣，在特立獨行的西番蓮面前，感到需要抓住什麼譬喻來應對。

是海葵，是直昇機，也是耶穌受難。

西番蓮呈環狀，可分為許多等分。它屬於輻射對稱的花，昆蟲可隨處降落，然後爬到花的中心。這類花很好搞定，人人都有分。

植物學家把西番蓮這樣的花稱作完全花，因為它兼有雄性和雌性器官。完全花的中心是稱為心皮的雌性器官，包含了胚珠（未受精的卵子）。心皮的基部是子房，名為花柱的柱型物則從子房伸出，頂端有一或多個柱頭，負責接收花粉粒。花粉粒內的精子會沿花柱內壁

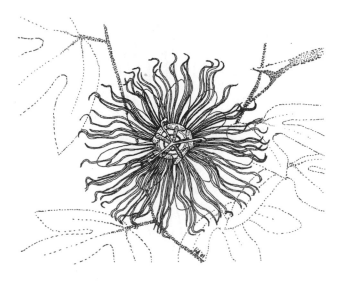

西番蓮

向下推進，讓卵子受精。

雌性心皮周圍通常是一圈雄性器官，即雄蕊。它是一條梗狀細絲，向上延伸連接到花藥，而那正是製造花粉的地方。花瓣（全部的花瓣總稱花冠）環繞雄蕊排列，緊包在花苞外、像葉子的萼片（總稱花萼）則圍繞在花瓣下方生長。

如果你每天都觀察花，就像好好吃早餐或做規律運動般地每天奉行，你就能記住這些名詞，否則你只會記

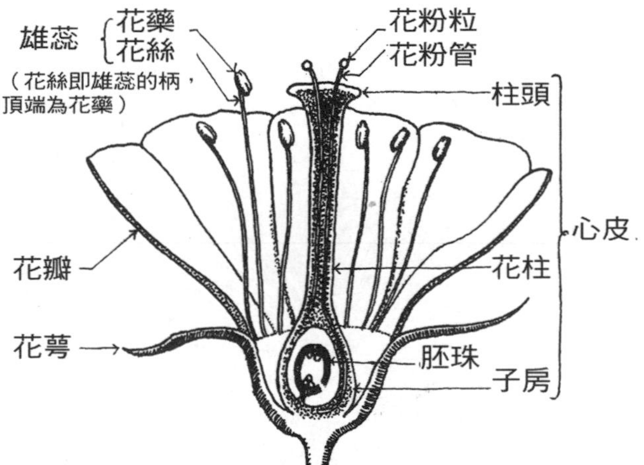

花的各部位

住像「直昇機」這樣的譬喻。

有些花不具備所有以上的部位，而可能只有雄性或是雌性器官。它們也許有一或多片心皮，每片心皮可能只有一個胚珠，或像某些蘭花般，有五十萬個胚珠。

有些輻射對稱的花，例如雛菊，實際上是由許多朵花組成的花序。花的中心是由許多個體組成的一個群落，每個成員都可能有自己小小的心皮、柱頭、雄蕊、花冠、還有花萼。

當然，很多花都不是輻射對稱的。把一個左右對稱的花切成兩等分，將會出現彼此的鏡像，但花的下半部卻可能就跟上半部看起來差很多。左右對稱花的花瓣常併合成形，看起來像支漏斗、鈴鐺、喇叭、菸斗、露趾拖鞋、蘑菇菌褶，或像是胡蜂、蜜蜂之類的玩意兒。雄蕊也有可能跟花冠或花的其他部位（譬如子房或花柱）相連併合。

有些花的萼片能兼任花瓣的角色。植物學家沒辦法分辨兩者的不同時，就稱這種萼片或花瓣為花被片或花瓣狀的萼片。實際上，西番蓮的基部也許就是由花被片所組成的。

植物分類依照的標準是，同科植物的每個成員都該是從同一個祖先演化而來的。然而，同科的花卻可能有令人嘆為觀止的眾多面貌：輻射對稱的、狹長管狀的、尖細如刺的。的確，花在演化的過程中，似乎不停在形變：接合、移位、合併、轉移。保持形狀的彈性完全合乎實際。花會因應傳粉者、捕食者、環境的需要而改變自身形狀。它可能「意圖」吸引某種蜂類，抵禦螞蟻，或是節省水分。

例如，左右對稱的花對於傳粉者取走和撇下花粉的流程，會加以特別管控。很多蘭花有著裝扮得漂漂亮亮的唇瓣，是昆蟲很好的落腳點，可以由此將頭或整個身體推往花的上半筒。等順原路退出時，花粉就會沾上牠的胸甲、腹部，或其他會碰到下一朵蘭花柱頭的部位。

豆科的花只靠一片旗瓣召喚蜂隻。兩片較小的花瓣，或稱翼瓣，環繞一片龍骨瓣。蜜蜂落腳在龍骨瓣上時，身體的重量把它往下帶，於是原來被花瓣包住的雄蕊突出來，給昆蟲抹上了一層粉。

飛燕草有根細長的距，連往一片有翼的小花瓣上。小花瓣外圍共五片花被片，負責吸引熊蜂，並在牠把頭伸進翼間、長長的舌頭伸進距裡搜尋花蜜時，提供支撐的作用。這時，距頂端的雄蕊就在熊蜂的頭上抹上一層花粉。蜂鳥為飛燕草傳粉時是在花上盤旋，並不靠花來支撐，花粉則抖落在牠的喙上。

形態因應需求，兩者的搭配似乎相當和諧，但花並不只有那麼單純。開花植物又稱「被子植物」（angiosperms）：Sperma 指的是種子，angeion 代表「在瓶子裡的」，因為被子植物厚而密實的心皮能保護發育中的種子，不受捕食者和惡劣環境的侵害。被子植物出現前是裸子植物（gymnosperms，gymno 意謂「裸露的」），例如針葉樹等植物的天下。植物的演化史中，心皮的出現是母性的大勝利，天使為此歡呼，讚美聲四起。

封閉的心皮能否妥善保護種子，對植物至關緊要。有些花就是因為子房高於其他器官，所以容易受到攻擊；而像玫瑰和委陵菜的子房，雖然也是高高在上，但有其他器官和花瓣環繞，受到比較周全的保護。至於蘭花和雛菊，則將其小朵筒狀花的子房用一層層密合的組織包裹起來，保護相當周全。

這種保護裝置有時可以當作例子，印證形態確會因應需求而產生；但有時這種變化不過是偶然的，花的各部分是因為跟需求無關的理由而融合。本哈特在《玫瑰之吻》一書中指出：「蘭花常須要併合，好讓傳粉者停在它的唇瓣和包括雄蕊、雌蕊的蕊柱之間。」花的各器官融為一體，於是子房就被包起來了。這樣做有他的好處，但可能連帶牽動了其他部位，於是有了新的問題待解決，新的優勢待發掘。

花朵不停撥這弄那形態
因應需求產生
多半皆如此

我切入飛燕草的小距（由花萼特化而成的細長管狀構造），假裝是在尋找蜂鳥吸食的花蜜來源。我使用的是一把小型解剖刀，一把小鑷子，一枚放大鏡。我的指頭看起來碩大無比。我瞇眼瞧進管子，並插入解剖針。但我不可能看到我想看到的。我真正想看到的藏在飛燕草距的底部。

演化是什麼模樣？

就演化而言，瞇著眼睛以尋得蛛絲馬跡並不足為奇，它本是微觀的過程；你很可以說演化起因於基因和細胞裡的變化。細胞複製、分裂時，染色體上的基因也跟著複製、分離到兩個子細胞裡去。這個過程裡，有時基因會突變或改變；對生物體來說，改變可能有益、可能有害，也可能無所謂好壞。總之，複製出來的基因已稍有變異。

雜交育種時，來自親代的一組基因和來自另一個親代的一組基因組合，產生新的個體。這樣的結合，讓族群有更多變化、更多樣的基因。

天擇就此取得主導地位。一個有益的基因突變，可能讓個體得以在特定的環境下生存繁衍。這改變有可能傳給下一代，讓它占有相對的生存優勢；當變化持續累積，最後整個族群的形態因而改變。

前述的情形會不斷重覆；由於基因突變讓個體更能適應環境，並進而提升生存與繁殖的機率，於是基因突變漸成常態。

物種基本的定義，就是指一群能夠彼此雜交，並產生有生殖能力的下一代的生物體。一物種隨著時間可能成為另一物種，若最後原本的物種消失，只有演化後的物種存活下來，這就叫作「種系演化」。

若物種一分為二，則叫作「種化作用」。因為種化作用，我們才有玫瑰、蘭花、春羽蔓綠絨。天擇僅部分參與這個作用，要先有別的要素起頭才行。

常常，兩種或兩種以上的族群會因各種原因，以各種方式分開：有時是大陸往北漂移，有時是新的島從海中升起，甚至有可能是小行星撞上地球。外在的力量會分散族群，內在的力量也是。分開的各族群循不同途徑演化，終成不同物種。

在一項對猴面花的研究中，研究者發現單單一個基因裡的改變，可能就足以讓花蜜的產量增加，使蜂鳥的造訪次數增加一倍。另一個微小的基因改變可改變花的色素，讓蜂造訪次數減少百分之八十。要促成生殖隔離所需的基因變化可能就相對地更少了，種化作用也是一樣。

演化可「快」可「慢」；可以在百年內發生，也可以耗上幾百萬年的功夫；觸發的原因可以是單個基因的改變，也可以是火山的爆發。這是一個沒有方向、缺乏目標的過程。演化靠的是基因隨機的變化，然後依循一定準則的天擇來接手，這一切再加上外在環境種種變數，使得情況極為複雜難測。

演化儘管不容易全盤了解，但並不罕見。演化是什麼模樣？看看四周吧！看看那棵樹，那隻鳥，那隻蟲。不論在飛燕草的距裡，或這充滿生機的世界任何角落，我都見到演化的足跡。

但把單獨一朵花拆開來看時，是看不到這樣的足跡的。

我突然覺得自己像個連續殺人犯，被破碎的肢體包圍。我只可能在生命的歷程中看清演化的面貌，這歷程無所不在，具有上帝的形象。生命並不等於生物體本身，也不是一棵樹，而是創造樹的那雙手。

生命也是創造花的那雙手。

靠蜂鳥傳粉的花通常有彎曲的花冠筒，彎曲的弧度讓鳥嘴必須先把花冠筒推正，才有辦法碰到花藥。有些蜂鳥因此相對演化出形狀跟花冠筒弧度吻合的喙，以便更有效率去吸食花蜜。花也有對策，有些花演化出更彎的花冠，喙不夠彎的鳥兒只好再度推開花冠筒的頂端。聽到這種事情，我們有些人敬畏之心會油然而生，就好像聽到教堂的管風琴聲，或看到陽光透過彩色玻璃窗流瀉而下。

飛燕草的花沿一根長長的穗軸，一圈圈地長下來。軸底的花較老，體型較大，處於雌性階段；花藥已卸下了花粉，成熟的柱頭準備接受花粉。頂層的花較年輕，體型較小，處於雄性階段；花藥正在製造花粉，而柱頭尚未成熟。

較老、較大、生長位置較低的花往往花蜜較多。熊蜂的做法是從底層開始，一路向上採集，完事後，再飛到下一朵飛燕草的底端去。熊蜂這麼做，可以以最少的精力、最少的飛行時間獲取最多花蜜，而飛燕草也喜歡這樣，因為熊蜂會把花粉帶到另一株飛燕草的雌花。

依蜂的習性，飛燕草已演化出讓自己達到最高傳粉率的方法；依花的生長結構，蜂類也已演化出一套做法，能覓到最多食物。飛燕草和蜂類的合夥關係既非完美、也不單純，更非亙古不易。飛燕草仍希望能吸引其他的傳粉者，蜂類也想發掘新的食物來源。

達爾文曾這樣描寫自己的演化理論：「這種對生命氣勢磅礴的觀點囊括了數種力量，先是由造物者吸納，再轉化成一種或數種形式；於是這個星球在重力不斷運轉之下，原始的狀態竟演化出這美妙絕倫的一切；而演化仍未曾停止。」

達爾文不大費力，就在演化論裡為造物主留了一個位置。我猜教皇也不難在一朵西番蓮裡看到基督受的苦難（西番蓮又名受難花）。然而身為二十世紀後半期的產物，我每天都在為這種事困擾。我剪下飛燕草，期盼看到上帝的模樣。

事物今天的模樣不見得是明天的。

第五章

花間情事

A計畫，B計畫，還要有C計畫。

三葉天南星打算要變性。紫羅蘭有個心事。蒲公英正得意洋洋。水仙已經意亂情迷。製造了百萬個種子後，蘭花終於滿意了。吊鐘花還不滿足，彎下它的柱頭去碰花粉。三色堇抬起陰門般的臉朝向天空，滿懷期待地等候著。月見草關心的只有一件事——也不過就是那檔子事。

在花園裡散趟步簡直會讓人臉紅。

大約百分之八十的花都是雌雄同體的，既是雌性也是雄性。傳粉是要讓位於花藥的花粉轉移到柱頭；當來自花藥的精子和位於子房的卵子結合時，受精就產生了。雌雄同體的兩性花很容易就可以讓自己傳粉和受精，然而它們大部分都不會這樣做。相反地，它們盡量跟其他同種花卉的花粉和卵子雜交育種：我要這個，那個給你……沒錯，就是這樣。

性，尤其是好的性，都跟異體受精脫離不了關係。為什麼？

到底為什麼要有性的存在？

就個體和子孫而言，無配子生殖簡單多了；不須要考慮雄性或雄性器官的存在，投資減少了一半，更不須要耗上那麼多時間和精力，儘管去繁殖就好了。

在有性生殖的族群中，無性生殖的突變種占很大優勢，能迅速繁衍，最後取代原先的族群；在無性生殖的族群中，有性生殖的突變種很吃虧，沒多久就會絕滅了。

性究竟有什麼好處？科學家仍舊苦思著。

不過，他們已經提出一些理論。

當細胞準備分裂時，細胞中的基因會開始複製。在複製過程當中，偶然的變化或差誤可能會有害，甚至會致命；但是當個體得到的基因組是來自父母雙方，危險的突變就可以被中和，因為正常的基因形式通常會取得主導，突變也就不會表現出來了。在無性生殖中，每代的有害基因會一直累積下去。

另一方面，來自不同親代的基因重組，也造成更多樣的後代。根據天擇的原則，基因重組的結果必須要對子代有直接的利益。在多樣的世界裡，多樣的子代較有生存下去的機會。

最後，有個理論是著眼於性的長程結果。有人認為，天擇並不會因為性或異體受精有利於物種延續，而偏好它們；天擇並不在乎物種的存亡。不過性和異體受精對物種的確是有利的，因為它能防止有害突變的堆積，同時促進族群本身的多樣性。當天氣變冷、傳粉者消失、新的疾病襲擊時，這樣的族群當中可能有些個體仍能存活，並繼續繁殖下去。就長遠眼光來看，有幸得以有性生殖的物種（即那些因複雜因素，拒採無性生殖的物種），可能就是最後的贏家。

這些都還是理論，但你已然信服。你認定該有性，認定該採取異體受精。

首先要做的事，是要避免你的柱頭被花粉粒阻塞住。

有些花，例如飛燕草，會在不同時間有不同的性器官。就像換著異性服裝一般，它會經歷一個雄性的階段，讓花藥製造花粉。幾個小時或幾天後，它會進入雌性的階段，柱頭準備好要接收花粉了。西番蓮在這個時候，則會彎下柱頭，採後仰姿勢靠在自己的花藥之間，這樣就離有如色彩繽紛的馬賽克般的花瓣更近了，離傳粉的蜜蜂也更近了。

也有些花的順序剛好相反，先是柱頭，才是花藥。

花也會隔開自己的各部位。很多花的柱頭會高高升起，遠離環繞的雄蕊。昆蟲先是落在柱頭上（這是個好落點），卸下它帶來的花粉後，再繼續到花瓣間搜尋採集新的花粉。岩薔薇的花藥則是對觸碰很敏感，一旦傳粉者來過之後，花藥就會朝柱頭的反方向倒下。

這些器官的位置可是經過精心設計的。

有些植物和動物一樣，有兩性的分別。雄性柳樹的花只有雄蕊，雌性柳樹的花只有柱頭。槲寄生有男有女，咬人貓、白楊、冬青也都是有先生有小姐。這種部位分隔形式是最鮮明的。

有些植物的花雖有雌雄之分，但兩性都存在於同個花序裡；也有些種類除雄花、雌花之外，還會多一種兩性花，三者混生在同一個花序裡。

植物擺弄自己的性器官或是轉換性別，為的是要避免自花授粉。

也有少部分的植物能夠選擇自己的性別。一株歐洲楊梅可以第一年只長雌性花，第二年只長雄性花。它不是三心兩意，而是針對土壤的含水量和養分，還有光線和溫度做出反應。一般而言，雌性花需要較充足的養分及時間去孕育果實；所以在生長條件不佳時，植物自然會決定要當雄性。

幼年的三葉天南星植物通常在第一季都是雄性的。當它成長茁壯，存了足夠的澱粉後，它才會考慮試試更有挑戰性的雌性角色。

傳粉時，花粉粒會落在黏黏的柱頭上，吸收水氣、漲大裂開，長出一根花粉管。管子會穿破柱頭，往下一直生長到花柱，而管內的兩個精子就這樣被送到了子房。

受精時，其中一個精細胞跟卵結合，以形成種子的胚。另一個精細胞則跟另外兩個卵細胞結合，成為胚乳，將來供給胚營養。有了這種「雙重受精」，種子有足夠的食物來源，得以快快成熟。這種受精方式讓開花植物相對於隱花植物，占了很大的便宜，同時讓人類得以享用各種可食的果實及種子，於是有了農業的產生。

花的自體受精有時是無可避免的。有時會有意外，風可能吹錯方向，蜂不一定都照規矩來。然後，事情就這樣發生了。

不過，即使在這個時候，有些花仍能阻止自體受精。許多禾草的柱頭認出一個太過熟悉的花粉粒時，會阻止花粉管的生長；月見草會在靠近柱頭處就把它攔住。百合、罌粟則把這管子引到花柱的更深處，讓它衝過頭。對紅色躍升花來說，即使花粉管能深入花柱，到達子房，甚至已使卵受精，此受精卵還是會被吸收掉。以上這些花是自交不親和的。

有些花堅守自交不親和的原則。

有些則搖擺不定。

對於某些種類的花來說，從另外一棵植株來的花粉在授粉上比較占有優勢，因為經異體授精產生的花粉管可能可以快些到達花柱。但它也不一定因此就能獲得壓倒性勝利，因為途中的困難險阻也夠瞧了。

所有自交不親和的系統都不免有漏洞。有些花遂不再堅持，畢竟和自己繁殖總比不繁殖好。到了最後關頭，還沒受粉的柱頭會往下或四周彎曲，去碰自己的花藥，或取走殘留在花柱上的花粉。

有些植物會開兩種花，有些自體受精，有些異體受精。早春時節，紫羅蘭開滿了林地；要是有花遲遲未受粉，植株就會再長出一朵花苞，這花苞不會綻放，也不大長高。

它就在沒人注意的情況下，自己讓自己受精。

大多數的花把自體受精當作備用方案。但對有些花而言，這是常態。這類花通常生長環境嚴苛多變，必須在很短時間內開花，然後就會死亡。它們往往體型小，沒什麼顏色、香味，看起來也許顯得青澀，好像還沒發育完全。

能持續自體受精的植物，可以在別的植物生存不了的地方生存。它們不需要傳粉者，所以繁殖很快，常常取代別的植物，據地為王。最後它們整個族群的基因會一致化，基因都是固定的，特質也相同。同一物種的族群，若曾順著不同的自體受精路線發展，常被誤認為不同的物種。十九世紀一個植物學家，曾把某小小的自體受精植物生長出的兩百多種形態不同的植株，錯當成不同種的禾草。

自體受精還可以更進一步發展。蒲公英的子房不需要雄性精子來施捨，也可以製造種子，這樣的種子只從母方複製基因。這種不完全無配生殖，即植物學家本哈特稱作「處女生子」的現象，在很多科的植物均可見到。怪的是，有些這類的花還是需要受粉，以促進子房的發育，不過花粉除此以外別無他用。

蒲公英的確會製造些花粉，而且也會吸引昆蟲。蒲公英可不笨，它也有個備用方案，就是那頂端的種子，有百分之一是異花傳粉的結果。這樣的花在多變的世界裡，能夠產生多樣的子代。

A計畫，B計畫，還要有C計畫。

多種植物採用營養繁殖，長出根或是匍匐莖，繁殖出跟親代具有完全相同的遺傳結構的後代，稱為「無性生殖系」（clone）。目前所知仍存活的植物中，最早的是生長於莫末夫沙漠，無性生殖的的三齒蒺藜，其先祖是一萬兩千年前的一顆種子。你可能已猜到，這古老的灌木也有個備用方案——雨季時，它就開出小小的黃花。

同屬的花可以表現出數種不同的性策略。體型大、有點炫耀意味的野碎米薺（*Cardamine pratensis*），許多昆蟲都會幫忙其異花傳粉，而且基本上是自體不相容的；嬌小的辣米子（*C. amara*）由蒼蠅傳粉，但很能接受自體受精；更小的台灣碎米薺（*C. hirsuta*）總是自體受精的。

花有彈性，也有主見。

有種歐洲的蘭花長得像某種雌蜂。在某些地中海區域，跟這種花有親屬關係的花會被飢渴的雄蜂抓住，進行傳粉。不過這種蜂在西歐絕跡後，它就演化成自體受精的了。如今，花開放幾天後，花粉塊（一團團、一塊塊附在花粉柄上的花粉）就會懶洋洋地從花藥落下，吊掛在柱頭前方，等待一陣清風拂來。

要是派個傳粉者給這種蘭花，它又會回到雜交育種的模式。傳粉者要是長得像直昇機而不像蜂，花也會變換姿勢。

我們人類的性也是同樣的千奇百怪，甚至還要更匪夷所思。

第六章　夜在燃燒

他很驚奇地發現花竟然溫溫的。他覺得自己搞不好拿到了被施了法的動物——一隻被變成植物的動物，例如隻中了魔法的貓。

某年某月的某一天，一男一女在洛杉磯市一個花園裡相遇了，園中春羽蔓綠絨正盛開。綠油油的春羽蔓綠絨是常見的家庭盆栽，不過盆裡的春羽蔓綠絨通常都不會開花。這些種在戶外的春羽蔓綠絨全都開起來了。這一對男女同時驚訝地注意到一件事。

「這實在很……」女的說。

「是啊。」男的表示同意。春羽蔓綠絨有著乳白色，桿狀的花序，長約三十公分，直徑約二．五公分，形狀像陰莖。它的花實際上是由一個包含百個白色小花的花序構成，每朵小花的大小和沒煮過的稻穀差不多，共同長在一個桿子上，稱作肉穗花序（或稱佛焰花序）。肉穗花序包含三種彼此緊密相連的花，分別是位於底部，有生育力的雌性花、中間不育的雄性花，和頂端有生育力的雄性花。整個肉穗花序外面裹覆了有如葉子般，稱為佛焰苞的苞片，苞片的外面是綠色的，內側則是黃的。

男與女展開了對話。對話最後持續了一生，聊到了房子、家具、兩個孩子。有天這男的突然過世了，之後多年女的獨自生活。當她已然老去，有天發現自己正走在巴西自家附近的路上，也是春羽蔓綠絨的故鄉。

暮色晞微，空氣中浸染了一種微弱、不知名的香氣。當時氣溫只有攝氏十度，女的披了件薄毛衣在肩上。又是一個花園。她在開滿春羽蔓綠絨的花床前止步，綠色的佛焰苞已從肉穗花序鬆鬆地垂落。女人彎下腰來，伸指碰了棒狀的桿一下。

好燙啊！她訝異地縮回手指，再次彎身，然後像孩子似的盤腿在步道上坐下，面對著花床。白色的肉穗花序溫度高達攝氏四十六度。熱量是雄性小花製造的，蒸發後聞起來有種辛辣、樹脂似的味道。

那一刻，就在步道上，女人聽到丈夫就在她耳邊低語；她可以感覺他就像過去那樣摩挲著她的頸子。過去種種不曾真正逝去。

我們一向把花跟愛聯想在一起。

希臘人把情侶變成花，一個少年被西風之神賽弗及太陽神阿波羅化成了花：賽弗殺了這男孩，而阿波羅把他化為風信子。還有個少年被變成了水仙。金蓮花曾是一個名叫阿都尼斯的獵人，阿佛黛蒂（即維納斯）愛慕他，但他後來被一隻野豬殺死了。阿佛黛蒂是愛神，玫瑰是她的代表花。

今天我們在節日、生日、畢業、婚禮、週年紀念日、喪禮時送花，傳達的訊息始終如一：我愛你。

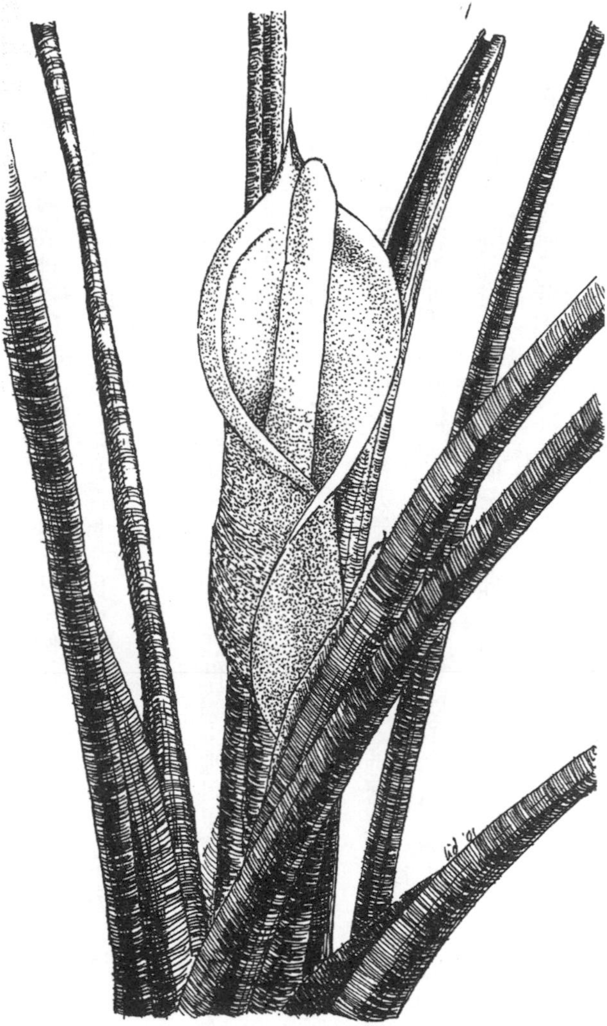

春羽蔓綠絨

花可以當作是愛的實際表徵嗎？這是可以證明的。先把既有的觀念先放一邊，想像你剛剛來到這世界，一切都很新鮮。你行經一片森林，發現一朵黃色的耬斗菜或是完美無瑕的白色百合。

你會有什麼感覺呢？

在巴西，春羽蔓綠絨的開花時間是從十一月初到十二月中，這個時節晚上會很冷，得加件薄毛衣。波圖克圖市的植物學家觀察到，春羽蔓綠絨的花序到了傍晚左右就會開始加溫。肉穗花序的溫度和花香的濃烈程度，都在晚上七點到十點間達到高峰。

此時，擬步行蟲也從土壤鑽出，或從別的春羽蔓綠絨現身。甲蟲順著香味蜿蜒前進，當眼睛可辨認出目標物了，就直接飛入佛焰苞中……碰！撞山！甲蟲跌落花室的底部。那裡的雌性花會分泌一種黏黏的物質，可食用。於是甲蟲就在這溫暖安全又陰暗的窩爬行、吃喝、並繁殖。一個佛焰苞裡可容納多達兩百隻昆蟲，活像裝滿冰淇淋的甜筒。

這段時間過去後，花會降溫，不過還是保持在比夜氣稍微溫暖一點點的溫度。從別的春羽蔓綠絨來的昆蟲已為雌性的小花充分傳粉。第二天晚上，雄花釋出花粉，甲蟲往肉穗花序上方湧出，在大啖花粉的同時也沾了一身花粉。之後，甲蟲又飛離了花，開始另一個新的循環。

植物學家為蔓綠絨著迷。它不但會製造熱量，還會因應外界溫度增加或降低熱產量，調節己身溫度。天氣冷的時候，它是設定在攝氏大約三十七度。不參與生殖的雄性小花會在溫度低於標準時，增加熱的產量；溫度升高時則降低產量。天氣熱時，這些花則是保持在將近四十六度的溫度。

溫血動物靠發抖和運動肌肉來維持體溫。牠們也會增加呼吸速率和血液流量。這樣做使組織得到更多氧氣和養分，好製造更多熱量。不用說，沒熱量我們就完蛋了。我們血中流的是熱量，我們製造的是熱量，我們根本就等於熱量。

蔓綠絨也需要氧氣和養分來製造熱量，不過它們不會發抖。它們靠的是肉穗花序上的小花上一個個的小孔，用來行擴散作用，吸收氧氣。養分則是來自無生殖能力的雄性小花裡面的脂肪球。這些脂肪球長得像極了哺乳類動物的棕脂，一種專門製造熱量的組織。

至於春羽蔓綠絨，連在外面只有攝氏十度的時候，仍能保持四十六度的溫度，此時它產生的熱量相當於一隻睡眠中的家貓。動物學家賽摩爾喜歡把這種花比喻成「長在枝頭上的貓」。

賽摩爾對春羽蔓綠絨產生興趣，始於一次晚宴上，有人給了他一束剪下來的春羽蔓綠絨。他很驚奇地發現花竟然溫溫的。他覺得自己可能收到了一隻被施了法的動物——一隻被變成植物的動物，例如一隻中了魔法的貓。

你可以說他已迷戀上春羽蔓綠絨了。

蔓綠絨屬隸屬於天南星科，同科其他植物也有會產生熱量的。譬如箭芋，它的肉穗花序共分為四部分（佛焰苞裹覆其外）：一串雌性花、一串不育的花，形如剛毛、一串雄性花、最上面又是一串剛毛。花序其他部分稱作尾部構造是露出佛焰苞外的，會在下午這段時間產生熱量和氣味。有些生物學家把這尾部構造視作香味的載體，或稱發嗅基。

箭芋的肉穗花序頂端長著剛毛，功能有如篩子，把體型較大的昆蟲例如綠麗蠅擋在外面；而被引誘來到花序的成千上萬隻小蠓，卻很容易從剛毛間直直掉入花室中。花室內壁結了一粒粒小小的脂肪球，滑溜溜的表面和最外面的那層剛毛把小蟲留置在雌花裡，小蟲在那裡可以吸食蜜水。

隔日，雄花開，撒落一陣黃金雨。沾了一身黏液的蠓也沾上了花粉。剛毛枯萎了，蠓終得逃脫，但又將被另一朵正開放的花吸引，再度掉進剛毛之間的縫隙，再次為有生殖力的雌花授粉。

巫毒百合是種熱帶植物，能加溫到比外面溫度高出將近攝氏十五度。第一天開花時，溫熱的附屬物會持續數小時散發新鮮糞便的氣味，吸引蒼蠅和掃除蟲。再過一陣子，在花室裡面，肉穗花序的基部會再次加溫，大約持續十二小時，所產生的熱能或可讓雌性小花附近器官的味道蒸散出來。這些器官都富含澱粉，散發出來的香甜氣味可刺激昆蟲交配，讓牠們留在花室內，直到雄性花撒下花粉才走。

不同種的海芋類植物有不同味道；甲讓你想到蘋果，乙卻可能是尿液，丙則能吸引埋葬蟲，聞起來糟透了。賽摩爾形容它聞起來就像隻死貓。

和海芋同屬天南星科的地湧金蓮，花朵在二月和三月時共有兩個禮拜保持在攝氏十五到二十二度。它在植物書上出現時，總是伴隨著溶雪。這其實是個蠻不尋常的景象，因為甲蟲和蒼蠅這些傳粉者，在如此早春時節還不太活躍。因此，這種加熱的機制或許是種「演化遲延」，是地湧金蓮的祖先流傳下來的習慣。不然這個謎題恐怕需要更多植物學家在雪中圍坐，看守著地湧金蓮，好像愛上了它一般。

植物的體溫調節現象並不侷限於某一科植物，像荷花就獨立演化出這種機制，它可以達到比周圍高出攝氏四、五度的溫度。埃及人相信荷花是地球上第一個出現的生物，它的花瓣展開時，可以看到至高無上的神。

某些棕櫚科植物的花序，還有某些蘇鐵（某種像棕櫚也像蕨類的植物）的雄毬花也會製造微量的熱能。

驚不驚人？至少賽摩爾是驚呆了。「春羽蔓綠絨製造的熱量，比一隻飛行中的鳥還多！」「而他控制體溫的嚴格程度更勝於有些哺乳類動物！」他說。

我們不會只是驚訝一下子，我們將讚嘆不已。

花跟愛到底有什麼關係？

古代的希臘人相信兩者有關聯，於是寫下了我們今天讀到的故事。那位身處巴西、坐在步道上的女人也這麼認為；她覺得自己很幸運，她的愛可以摸得到。花炙烈燃燒著的是情慾。

第七章

鬼把戲

因為植物不會動，我們就以為它們比動物善良，這真是天大的誤會。

在新墨西哥州西南部我住的地方，乳白色花朵的絲蘭在夏日雨季時吐出花蕾。頃刻間，就冒出一大片花，花高約四公尺，好像沙漠中的蠟燭。一夜之間，矮樹充斥的荒野，蛻變成一個猶太教的燭臺。

多數種類的絲蘭是沒有氣味的，不過很多子房底部會分泌一點花蜜。這個花蜜是遠古留下來的產物，當時絲蘭和絲蘭蛾尚未完成共同演化。如今，儘管絲蘭只有絲蘭蛾這個傳粉者，而苦行的絲蘭蛾成年後就完全不吃不喝，但花蜜仍然保留下來了。

破繭而出飛離地面後，絲蘭蛾在絲蘭蒼白、蠟質的花裡交配。不同種的絲蘭蛾會有個別差異，最一般的做法是由已受精的母蛾爬上花的雄蕊，把頭朝花藥的頂端彎下，然後把捲起的舌頭展開以保持平穩；接著用構造特殊的口器把花粉刮乾淨，緊緊夾在前腳間。牠最多能從四根雄蕊蒐集到花粉。

然後，絲蘭蛾飛往另一朵絲蘭。牠在雄蕊間鑽來鑽去，刺穿子房，在那兒產顆卵；接著沿管狀的柱頭向上爬，把帶來的花粉一路滾下花柱，好為花授粉，這時牠很可能再產個卵。每產下一顆卵，牠又回頭往上走。就這樣上下來回，為柱頭授粉，產卵，然後再授粉。

絲蘭是自交不親和的。絲蘭蛾把一朵花的花粉在其他花丟下，促成絲蘭的異體受精。不像其他被動授粉者，牠是很罕見的主動授粉者，會主動把花粉推進柱頭中。

這樣做同時保障了絲蘭蛾幼蟲的食物來源。沒受精的花很快就會凋落；已受精的花，胚珠會變成種子。絲蘭蛾的幼蟲在子房裡孵化，吃掉了百分之十五的種子，養得肥肥後，幼蟲在果壁咬

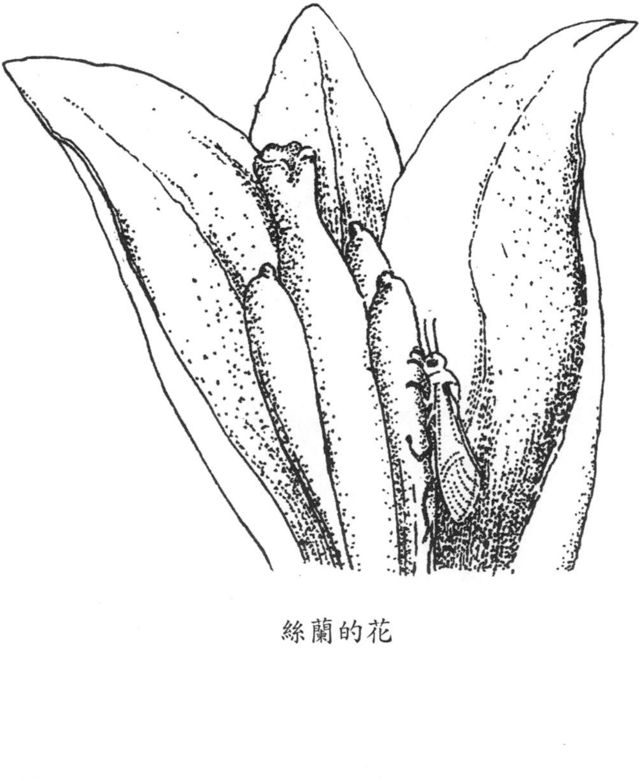

絲蘭的花

一個洞，跳到地面上結繭，然後又在繭裡待上一兩年，甚至三年才出來。剩下的種子仍然足以讓這絲蘭繼續繁殖。

這些聽起來就像伊索寓言，主人翁總是好得不可思議。我們常常就是這樣看待傳粉者和花之間的關係——所謂的互利共生，例如蝴蝶吸食忍冬，並以代為傳粉來交換，兩物種漸漸演化出相依存的關係。

不過大部分認定的互利共生關係都太一概而論了。事實上傳粉者會造訪很多種花，而植物會仰賴多種傳粉者，像絲蘭和絲蘭蛾這樣一對一的關係倒是比較少見的。

達爾文寫道：「天擇不可能讓一個物種特別為了另一物種的利益而改變自己，不過自然界的物種的確會利用其他物種的構造，持續讓自己受惠。」就絲蘭來說，天擇創造了無懈可擊的同夥關係，堪為合作的模範。這真有點像是寓言故事了。

其他物種也是一樣，勤於利用別人。跟絲蘭蛾有近親關係的偽絲蘭蛾儘管不載運花粉，卻也飛到絲蘭的花裡產卵，並讓孵出的幼蟲以絲蘭種子為食。牠不只在沒人造訪過的花裡產卵，在已受精而正在發育的子房中也照樣產卵。牠不但不能為植物授粉，而且花將來結出來的果實裡幼蟲會太多，吃掉過多種子。

絲蘭的因應對策是，被太多蟲卵侵占的花，在長出種子和結果之前就讓它凋謝；植物也會放棄那些沒充分受粉的花。結果是，想鑽漏洞的偽絲蘭蛾的繁殖機會就不如按規矩來的絲蘭蛾。

植物學家用西班牙文「*aprovechado*」，意謂「占便宜者」，來形容從互利共生關係得到好處，卻完全不予以回報的動物。所有的合夥的傳粉關係，碰到像「*aprovechado*」這種機會主義者，就變得不堪一擊。

另一方面，正牌的傳粉者也可能會變成「*aprovechado*」。蜜蜂有時不從花的前方碰觸滿載花粉的花藥，反而從背面靠近，把舌頭偷偷插入萼片和花瓣間，盜取花蜜。照植物學家「犯罪」的行話來說，這樣的偷竊行為就叫作「底下的那條舌頭」。

碰到那些花冠已經併合成管狀的花，要偷花蜜的昆蟲不得已，只好硬是咬開纖維；舌頭短的熊蜂就因為用上顎刺破柳穿魚、洋水仙、耬斗菜的花冠，而惡名昭彰。不比偷竊，闖入搶劫花蜜的更是張狂，還會傷害到花；有了這個破洞，繼之而來的偷兒就可肆無忌憚地盜取花蜜。

這可不是一個但憑良心的世界，窗子得拴上，門必須鎖起來。花盡可能地保護自己，有些有皮革般堅硬、難以穿透的花萼，或是在基部長著堅實、層疊的葉片或苞片，使偷兒知難而退；排列緊密的花序也是一個辦法。

由於絲蘭和絲蘭蛾已經演化為高度的彼此互惠關係，因此對「*aprovechados*」特別無力招架。牠們也因唇齒相依而嚐到苦頭，非得要其中一種物種順利繁殖，另外一種也才能順利繁殖。當沙漠裡的農夫為驅走破壞農作的害蟲而噴灑殺蟲藥，也把絲蘭蛾殺死了，絲蘭就失去了傳粉者。

絲蘭已全開了，正如雕像般靜立著，等候著訪客的到來。儘管它的光彩足以照亮地平線，可是就是沒人來。

這是植物版的莎士比亞。

除了異體受精，有幾種絲蘭會採營養繁殖，默默地複製。營養繁殖是個退而求其次的選擇，像是祕密帳戶，也像個即使是情人也無法想像的祕密（一件你不知為何就是忘了告訴他的事）。

因為植物不會動，我們就以為它們比動物善良，這真是天大的誤會。正如一位研究者寫的：「會存心欺騙的傳粉者似乎比行騙的植物少。」

很多花都有過份誇大自己長處的壞習慣。也許是雄蕊上有濃密的毛、或是帶了一抹豔黃色，使雄蕊的花粉看起來比實際上多；要不然就是把細小的花藥頂在引人注目、看起來倒像是花藥的粗大花絲上；有些花則會把花藥不育的部分弄得漲鼓鼓的，製造富含營養的假象。

花搞的那套除了「猛烈的性愛」外，無可比擬。有種蘭花，只要輕碰花的任何部位，就會讓承載花粉塊的柄像彈簧般啪咑一聲彈射出去，連著一盤黏黏的花粉砸向停在花上、還搞不清楚狀況的蜜蜂，有時蜜蜂就這樣被撞下了花朵。如果有人惡作劇，用鉛筆尖端戳戳看，花粉塊會飛行將近一公尺的距離。其他的花會用差不多的方法，把花粉用摜的、擲的、撲的，弄到昆蟲身上。

花粉彈射的力道很大，但落點不見得理想；例如有種蘭花會把花粉塊（包括小粉盤及花粉柄）噴到天蛾的眼睛裡。儘管花粉傳送到了另一朵蘭花，較大的花粉柄還是黏在原處，就像眼球裡插了一根曲棍球棒一般。有時可以在某些傳粉者（如鳥和天蛾）的舌頭上，發現不同來源的花粉塊嵌在上面。達爾文曾推論，這些動物很快就會因無法進食而死。儘管如此，牠們已先替一些花傳粉了。

即使最「善良」的花也會耍狠。以馬利筋來說，它的花粉會牢牢黏上來訪的蜜蜂，有時在掙脫的過程中，蜜蜂被纏住的腳就這樣硬生生被扯下來了。

不計其數的花，非但對昆蟲一點好處也沒有，反而還是個禍患。將近三分之一的蘭花是靠招搖撞騙混日子；有些擅於擬交配，有的看似是安全的繁衍之處。很多聞起來像有食物獎賞，但實際上有的卻只是令人眼花撩亂的滑梯、迷徑、旋轉門、密室、還有出口，全是花大費周章搞出來的。

深受各地園藝人士喜愛的蘭花，有著道道地地嘉年華遊樂園的氣氛。花發出討人喜歡的惡臭，一隻蒼蠅被吸引過來，停在如舌的唇瓣上，卻不由自主往後彈落，被兩隻柔韌的「手臂」緊緊地環抱。接下來發生的有點像〇〇七電影裡的情節：唇瓣絞緊，保持平穩，以應付昆蟲的重量；兩「臂」迫使蒼蠅掙扎、甩落腹部殘留的花粉塊。最後，蒼蠅就像詹姆斯龐德般溜之大吉。

歐洲拖鞋蘭的果香和豔黃色引誘蜂類通過一個入口，進入唇瓣部分。大型的蜂類通常可以逃脫，雖然也有一些就此被困死了，但小型蜂類就逃不了，只能一直在光滑而且下傾的表面打滑。振翅亂撞一陣後，牠發現，由唇瓣底部的空隙，隱隱透出光亮，指引出一條通往花後方的路。昆蟲經柱頭、雄蕊，一路掙扎而出，遺落所有攜帶的花粉，而新的花粉已被抹到牠的腹部。

拖鞋蘭的計畫並不是萬無一失。有些昆蟲還沒裝備好就跑掉了，還有些有經驗的昆蟲會避開這朵花。不過，花很明智，會長出根狀莖，這些長在地下的莖會在遠處生根，又複製出新的無性生殖植株。

還有一種用香水獎賞長舌花蜂的蘭花，會垂下嬌豔動人、魅力無法擋的花，散發誘人香氣。唇瓣有部分像桶子般裝滿花分泌的汁液，由於唇瓣的底部很滑，來訪蜂隻腳跟站不穩，就掉進這小小的泳池。逃逸的路線同樣是一條通過蘭花的柱頭和花藥的密道，蜂隻得在密道裡耗上半小時之久，這段時間花粉塊就黏附上牠的腹部了。

有些花甚至懶得提供逃生出口。如果小蟲在某種海芋的雌性階段造訪，花正等著花粉到來，小蟲就有可能會命喪於花室低處；不過如果小蟲有帶其他海芋的花粉來，牠們不會白白犧牲，因為花已因此而獲得受精了。小蟲若在花的雄性階段來，花正釋出花粉，牠會看到出口是大開的，可以自由通行，而且順便可以好好地抹上一層花粉。

一般的三葉天南星花有兩性，分別長在不同的植株上。受新鮮真菌氣味的吸引，蚋會飛進花裡，然後跌入花室。跌進雄花的蚋比較幸運，有機會可以逃出去，倒楣一點的就會撞上雌花。

特別醜惡的一幕在某種巨大、氣味香甜的南非睡蓮上演。雄性階段時，這睡蓮供應一份蓋滿花粉的雄蕊給一群食蚜蠓、蜂、還有甲蟲吃。三、四天之中，每天早晨，花都會打開，供應一份不論規模或享樂程度都是羅馬式的饗宴，也帶給人類喜悅。很多花因美麗而聞名，但這種花似乎只應屬於古代的傳說，神佛的層次。

在雌性階段，同一株睡蓮還是會開花，但看起來已不大相同。現在雄蕊沒花粉了，繞著花中心的一池汁液圍成一圈，池底則是扁而圓的柱頭。

背景音樂已然改變。

我們都知道其中的意味，想警告小小的食蚜蠓：「千萬別站上那雄蕊！」

然而，食蚜蠓渾然不覺，就跌跌撞撞地登上了已變得平滑的雄蕊表面，於是這傢伙就這樣滑下了池子。落難者拚命地掙扎，然而高聳的雄蕊沒辦法落腳。汁液裡含有一種濕潤劑，會拉扯這種世上重量最輕的昆蟲。食蚜蠓沉入液體中淹死了，身上的花粉被沖走，漸漸積聚在有著血海深仇的柱頭上。

有時，連看到吃腐肉的昆蟲試圖在貌似腐肉的花產卵，我都不禁憫然。昆蟲顯然是希望幼蟲的糧食不致匱乏，才選擇在這樣的地方繁殖。牠們以為自己的選擇是對的。蕈蚋的境遇也是同樣令人辛酸。帶著一身花粉，牠們的親代安心地飛離假冒真菌的花，然而卵孵化成幼蟲後會餓死。有些花想乾脆速戰速決；尾狀細辛這種花的組織就含有劇毒。

植物和傳粉者的互利共生不像婚姻關係，反而比較像軍事競賽的雙方。為了得到更多食物、產更多卵，傳粉者想出新招數，不過植物也有反制措施。一邊製造出飛彈，另一邊就發展出反飛彈、外加一枚更大的炸彈。

占上風的那方將威脅到雙方賴以維持的系統。所以，南非睡蓮不能殺死太多食蚜蠓，三葉天南星不能殺死太多蚋。矯偽成性的蘭花不能做得太絕，不然它的傳粉者會餓死。相對的，熊蜂、蛾類和蜜蜂最好也不要太厚顏地盜取花蜜，以致到最後沒有幫一朵花傳粉。

飛彈、防禦工事、高射砲……如果你想到很多動物不只是吸吸花蜜或採採花粉，還會吃掉植物本身，這些景象就會馬上浮現腦海。植物和昆蟲始終處於交戰狀態。事實上，傳粉系統也許就是在這種力量消長下演化而來的；白吃白喝的甲蟲因某種原因成為傳粉的甲蟲。

當然，花如果最後沒有辦法吸收、躲開或智勝敵人，可能只得摧毀牠。

行軍蟲以雛菊為食。雛菊防衛的方法，是製造一種在黑暗下呈微弱毒性、在紫外光下則有劇毒的化學物質。蟲吃下植物後，該物質最後會經由牠的循環系統到達表皮。然後在晴朗的春日，太陽暖暖地曬著，昆蟲先是發出日光燈般的光芒，然後就蜷成一團、全身發黑。

一種叫「捲葉者」的毛毛蟲則有自保方法。牠用雛菊的花瓣把自己包裹起來，然後用絲密封。這樣，在遠離陽光的陰暗中，「捲葉者」就可以準備開動了。

有些植物甚至會去跟敵方的敵人結盟。葉蟎吃皇帝豆時，植物會釋出數種揮發物；

這些化學物質會引來另一種肉食性的葉蟎，把之前的訪客吃掉。

經由結盟，不相干的物種成了親密戰友。

螞蟻喜歡偷取花蜜，但是大部分的螞蟻帶有一種天然殺菌劑，會殺死花粉裡的精子；顯然螞蟻並非好心的傳粉者。針對這點，植物有時會在地面和花之間豎立路障，在莖的上方布置一塊具黏性的區域，或在莖的四周圍起一圈液體，讓螞蟻這類昆蟲爬不上來。

植物也會在遠離花的地方，設置作為誘餌的花蜜。某些開花植物提供這些花蜜當作交換條件，要一群會叮咬的螞蟻充作衛隊，幫花兒抵擋會產卵的昆蟲或會刺破花冠的熊蜂；另一方面，花也得用化學方法，避免螞蟻防衛隊傷害到自己。這些螞蟻究竟還是偷兒，得跟牠們保持安全距離。

以上是另一個互利共生的寓言，或者說是另一件詭詐的犯行。

我們不難看出其中的文章，及其所包含的寓意。我們是人類，故事和寓意已融入了我們的生活，就像香味已融入了熊蜂的生活。

十八世紀時，互利共生是個寓言，闡釋了上帝創造的完美的和諧。在大自然神聖的平衡中，每個物種扮演的角色是不會變的。自然的各部分和諧共生，互相幫助，正如人類社會裡的各部門一起工作，從農夫到皇帝，人人各司其職。

科學常反映人世，而我們常常指望社會反映出我們所了解的大自然。十九世紀工業革命和資產主義的新觀念強調競爭對經濟的重要性；於是有了社會主義和共產主義的反擊，權力共有、共享是其信念。今天我們仍然在這兩端之間擺盪，政治界如此，植物界亦然。

合作是自然界最基本的組成原則。

競爭也是自然界最基本的組成原則。

七〇年代的環保運動中，生物學家傾向於前一個原則。現在他們已經轉為後面的那個。

一位信奉「競爭」的科學家，不久前寫到：

植物和擔任傳粉者的動物是互利共生的，都因對方的存在受惠。然而這樣的互利共生既不是對等的，亦非互助。事實上，傳粉是由完全敵對的關係逐漸衍生而來。植物和動物始終各有各的目標，立場鮮明；通常一個是繁殖，另一個是覓食，彼此互不相干。這樣的前提下，只可能有利益衝突，不會有所謂的合作。

水手尋找陸地，科學家尋找組成的規則。物理學家稱之為大一統理論。每個人都想找出這樣一個理論。每個人都想知道貫穿所有生命奧祕的規律。

發現美麗寓於實用，我大感意外。

發現美麗暗藏殺機，真是晴天霹靂。

第八章　光陰

有些植物不會死，但花季很短，像放一場煙火般。
它們是群浪子，造型炫目，隨時準備舞到不支落地。

我們迫切想了解時間是怎麼一回事。過去怎麼會過去呢？它是上哪去了？我們對時間抱持懷疑態度，當你八歲時，它像是在抄捷徑前進；當你滑下山坡時，它又是那麼慢。我們知道這是自己的錯，畢竟這只是一種感覺，沒啥道理可講。時間是客觀的，我們不是。時鐘始終滴答滴答響著。

光陰不待人。

後來，有個物理學家告訴我們，時間並不獨立於空間存在。時空受質能分布的影響，是彎曲、有弧度的。時間在靠近像地球質量這麼大的物體時，走得比較慢。把一個很準的時鐘放在塔底，再在塔頂放一個，兩者會稍有差異：底下的那個慢一點點。

拿一對雙胞胎試驗，讓一個住在齊於海平面的聖地牙哥，另一個住在祕魯的高山上。住在祕魯的那個會老化較快。若讓其中一個乘接近光速的時光機去旅行，情況就變得更複雜了，因為當他返回時，會比待在原處的那個年輕。

時間是可以操弄的。

我參加了一個「晚餐聯誼會」，這聚會已有十五年的歷史，在我們的文化來說算是很長了。五對夫妻每八週聚會一次，每家各帶一盤指定國家的美食，可能是中國菜、義大利菜、或是希臘菜。大家坐在一起幾小時，享用取之不盡的美味。沒有小孩在旁，有的是桌巾與美酒。有時我們會在瓶裡插枝玫瑰。

參加的夫妻時有異動；十五年間，有些退出了聚會，有些搬了家，有些離婚了。很多人只有聚會時才會碰面。我們很看重能持續參與。

某晚，上點心前，一對夫妻接到通電話，隨即宣布他們得走了，因為他們種的仙人柱開花了。當時，這看起來不算是個好理由，值得為此離開一群好朋友煞費周章安排的聚會。我們沒把惱怒寫在臉上，不過把這件事記下了，留作以後參考。

仙人柱體型瘦長，顏色灰撲撲的，通常在豆科灌木或三齒蒺藜之類的灌木植物下方生長。其莖的直徑最小只有一公分左右，卻能長到近兩公尺高，整個就像根長滿刺的樹枝，模樣不怎麼討人喜歡。植物學家以挖苦它為樂，稱它為醜小鴨，說它那乾枯且狀似擁抱的枝幹具有「令人無可抗拒的魅力」。

然後，忍住笑，他們背過身去。當他們再轉回來時，卻樂昏了，他們用手勢表達出

仙人柱

感覺：花開的仙人柱已是隻天鵝了！

它的美永遠來得出其不意，它的美永遠只存在於童話故事。仙人柱的白色大花在晚上會展開，形如有許多瓣的星星，質感如絲，散發一股麝香般的甜香。這顆星星大小如手掌，黑暗中似乎還會閃閃發光。有人第一次看到一叢這種花時，還以為是有人在沙漠中點亮了一打手電筒後，隨便把它們丟在灌木叢下就離開了，任電池這樣浪費掉；有個女人則以為見到鬼了。

仙人柱的西班牙文名字是 la reina de la noche，意謂「黑夜之后」。在幾小時之內，一朵朵的花都瞬間綻放。

我從沒看過仙人柱開花的樣子。那位在聚會間離席的朋友告訴我，這種植物讓她想到縮時攝影*，因為花朵展開的過程可以看得很清楚，而且過程就像貴族走下長毯般優雅而專注。我第二天跟她丈夫問到這件事時，他在一句話裡用了三次「神奇」這個

---

* 縮時攝影是一種攝影技術，當拍攝主題需要較長時間才能完全表現時，用分段方式拍攝，使動作看起來像是連續的。——譯注

字。有次我在銀市街上跟他們十幾歲的兒子聊起時，他也表同意：「對呀！」

我這朋友是位歷史學家，銀市市立博物館的負責人。她告訴我，在一八七〇年代，這小小礦城的居民有舉行仙人柱宴的習俗。有人家裡種的仙人柱開花時，會把這個好消息散播出去，其他人就趕來他家，家裡也會準備茶點招待。有時這消息還會登上地方報紙：「臨時開宴，眾人同慶」。

我朋友覺得很感傷，她的丈夫和兒子都不把仙人柱開花當作什麼了不起的事了。「快來看哪！」她呼喚著，但他們已經看過了，不打算再瞄一眼。「不賴嘛！」她兒子施捨似的丟了一句。她已經改找朋友來看了。

我說，找我吧！

仙人柱的花是朝生暮死的，大部分的花都是。它們的生命很短暫。不少花就像黑夜之后，只有一天或甚至一個晚上的時間可活。在這幾小時中，仙人柱絲緞般的花必須想盡辦法吸引傳粉者，像是白條天蛾這些夜行性昆蟲，來喝它的花蜜。「黑夜之后」無法自體受精，也不好群居。沙漠中炎熱、乾燥、生存條件嚴苛，四千多平方公尺的土地上可能只長了五到十株，而且這些仙人掌還要承受陽光、風和牛群的考驗。

皇后的補救措施是把自己發揮到極致。她的香氣濃郁，美得像個傳奇。她只有今晚。

好吧，也不盡然。這要解釋一下：仙人柱只有幾朵花，每朵花只會開一晚，整個花季可能僅有四夜，視空氣濕度而定；但仙人掌本身可以活到七十五歲。瘦長、多刺的樹枝會繼續開花，一夏復一夏地等待著合意的白條天蛾來訪。

童話裡的皇后將會睡上幾年。這段時間內，王國衰亡了，王子正穿過石南密布的林子，一路披荊斬棘而來。

這令人想到我們自己能配給到的時間。

無性繁殖的三齒蒺藜，壽命可達一萬兩千年，紅杉見過西班牙傳教士。人類、鸚鵡、和仙人柱可以活到聖經記載的七十歲，黑熊有三十年可吃吃喝喝。狗可以陪伴你十五年，老鼠卻很少能過牠的兩歲生日，許多昆蟲撐不到一個月。無庸置疑的，不論是長壽的烏龜或是短命的蛾類，年歲的訂定有一定的道理。

就植物的眼光來看，以投下的工夫評估，花的生命顯得太短暫。看看那些香味、色彩、外加在風中的款擺吧！維持美麗的代價高昂，生殖所需的材料也很脆弱，必須時時保護。

某些氣候條件下，植物還要考慮到天氣：冬天要來了；要下雨了；變熱了，我口好乾。我的花瓣都掉光啦！我快冷死了；我要被吹走了……

受精也許遲早都要進行，不過還是愈快愈好。

花自己只能維持短暫的時間，植株卻能活很久。晨光中，花開放、凋謝，然後隔日又有一朵花取而代之。南非睡蓮會不斷開花，直到池水乾涸，然而每朵大手筆的花卻只有一、兩天的壽命。

有些開花植物本身壽命就很短。許多一年生的野花必須在幾週內發芽、成熟、開花、結子，然後就得死去。它們常常都是自體受精的。

有些花也會出人意表的長壽，例如木蘭花可以活到十二天。蘭花是最長壽的花類之一，若養在溫室裡，一株來自亞洲的蘭花可以九個月都生意盎然。

壽命長的花通常看起來較結實。它們有層保濕的外殼，因此花瓣偏厚，有蠟質觸感。葉脈富含纖維，形成內在骨架，維持花的形狀不變。

靠有尖喙的鳥類、或有鋒利口器的甲蟲來傳粉的花，必須強化修補再生的能力，因此壽命也連帶的變長了。只有單一傳粉者的花必須開放得夠久，才能吸引人的注意力。賣弄騙術的花必須有足夠時間，招徠無知的訪客上勾。堅守自體不親和的花，則需更長的時間才能等到異體受精。

「世紀花」（century plant）也叫龍舌蘭，跟仙人柱長在同一個沙漠中。它在生命的頭五年、十年、甚至五十年是不開花的，全視品種而定。然後，就在你已經放棄的時候，從有尖刺的基部叢生葉伸出了花梗，看起來就像是根巨大蘆筍。這梗子每天可以長三十公分，然後分枝從其頂端水平延伸，花苞膨起，一簇簇黃色管狀花在夜裡綻放了。花朵高懸有如棒球場的照明燈，發出像是麝香和腐肉混合起來的強烈氣味。世紀花拿照明槍向遷徙中的蝙蝠、蜂鳥、還有其他傳粉者發射，吸引牠們俯衝而下，取食，然後再飛走。

同時，基部叢生葉就此枯竭而死，所有貯存的食物水分都供養了花梗及花。世紀花活不了一世紀。花開了，它就死去。花只開一回，賭上一切，丟一次骰子。

其他種類的植物也在開花後逐漸死去。商業栽培的一年生花，如金盞花和百日草，最後會讓所有長葉的莖都變為花梗。它們讓所有莖都轉成花，毫不保留，於是再也不能生出維繫植物生存的葉子。許多野花則會藉由鱗莖、塊莖、或根狀莖的形式，在地下保留一部分的莖。這些植物跟百日草不同，來春同株植物還會在原處生長。

有些植物不會死，但花季很短，像放一場煙火般。它們是群浪子，造型炫目，隨時準備舞到不支落地。

像牽牛花這類的植物就戒慎多了。它們的花季很長，該開多久都是小心計算出來的：好了，好了……這樣就夠了。先停下，明天再來。這招對於附近壽命長、記憶又好的傳粉者很管用。

自八千年前開始，美國西南方的人栽植一大片的世紀花、採收植物的心和幼嫩的花梗，已達數千年之久。植物的葉子富含纖維，根可以做肥皂。至今考古學家仍發現許多這樣以石頭分隔的栽培場。世紀花是我們最早種植的作物之一。

如今它仍是作物。開花前，正當植物充滿了糖分和養分，準備進入第一次也是最後一次致命的成熟階段時，就可以收割龍舌蘭的心。經烘烤再加以攪拌後，漿汁會發酵成酒。我們喝的龍舌蘭是來自商業栽培場，但每年在美國和墨西哥，尚有超過一百萬株的野生龍舌蘭被切開，作成私酒「梅斯卡爾」。

我們推了推眼鏡，瞧向日擲斗金的浪子。

物理學家同意，人在微醺的時候，對時間的感覺會改變。當你兩杯下肚，朋友在旁時，注視一朵花（譬如一朵狡詰的玫瑰），看它變化得多快啊！幾乎跟光速一樣。你會發現它是如此巨大，如此接近死亡。你會知道它是怎麼讓黑暗的空間折屈，讓時間之流轉彎。

時間是可以操弄的。時光在我們看一朵花時放慢了腳步。也許這樣做，可以讓我們慢些老去。

是值得開場宴會。把消息傳出去，臨時開宴！

第九章　旅人

乾燥輕盈的花粉，天生就適合飛行，本當被拋入風中，
吹到六千公尺的高空，或帶到五千公里以外。

花粉的腳癢了。有任務在身，他踏上漫長孤寂的高速公路。得走了，朝榮耀邁進。你留不住他的。上路吧，兄弟。花粉是個旅人。

榛木嘆口氣，呼出了花粉。春天剛轉暖時，榛木的雄性柔荑花序像綿羊尾巴般垂下，上面紮著一雙雙小花。風一吹，花序像小絨球似地擺盪。一陣黃色的雲霧渲染了整個天空。

一陣來自雄性花序，細密的黃色煙塵。

在其他的柔荑花序上，開著榛木的雌性花，其深紅色尖端通常是深藏不露。她們受過良好教養，心高氣傲，凡是從親代樹來的花粉一概拒絕。

黃雲飄移，灑下花粉雨。

在一個本來很乏味的研究報告裡，我發現這樣一個句子，讓我有想把它寫成一首詩的衝動。詩的開始是這樣的：

在產地上方
親代樹降下一層
薄薄的
獨家的
自己

榛木的花序光是一個就包含了四百萬個花粉粒，而整棵樹可以長出幾千個花序。乾燥輕盈的花粉，天生就適合飛行，本當被拋入風中，吹到六千公尺的高空，或帶到五千公里以外。這是個瘋狂旅程，目標往往不明。大多數的花粉會掉回地面，在陽光下烤乾、在池塘裡淹死，要不就是沾上了不該沾的植物。

少數則會在人鼻子裡的黏膜上膨脹爆裂，引發免疫系統抵抗：救命啊！救命啊！有不明物體闖入！再來點液體，這裡需要更多液體！

結果是鼻涕和眼淚泉湧而出。

花粉雨灑了滿地，每一粒都肩負重任。

榛木在這裡算了一下：四百萬粒花粉乘上幾千個花序，花粉掉落在合適的柱頭的機會增加了。

世界上大多數植物都仰賴特定的動物媒介來傳粉。不過以生物量，即陸地上的生物（此處指植物）總質量而言，大部分的植物是把花粉散播到空氣中。不論是森林樹冠層的優勢樹種、松樹、其他針葉樹，還是莎草、藺草、或其他禾草類植物，風媒都是它們最有效率的選擇。即便是成群的昆蟲也沒法勝任這樣的工作，而在昆蟲和鳥類稀少的地方，像是鹽澤和某些沙漠地區，花也仰賴風傳粉。

花盡其所能地判斷何時、用什麼方法釋出花粉。為了避開暴風雨，風媒植物通常在早春和秋季氣候較溫和時開花。同樣的道理，禾草類植物的花比較會在清晨或黃昏時開花，此時熱造成的亂流不會把花粉颳到另一州去。在死寂的寧靜中，禾草類植物的花把花粉封在花藥匙形的下端，以防花粉釋出。

當天氣清爽，太陽暖得恰到好處，會找麻煩的昆蟲還沒出來或已經走掉——總之，當天氣最宜人的時候，我們就俯仰於雄性生殖細胞的「輻射塵」中。

花粉粒的體積都很小，但程度各異。勿忘我的花粉粒直徑是三微米（一微米等於千分之一公釐），南瓜花可以比那大上八十倍，肉眼看得到。大部分的植物的花粉粒大約是三十微米那麼長。

每個花粉粒都是包在一層堅硬、造型迥異的外殼裡：有長刺的、長瘤的、球形的、呈弧狀或角狀隆起的。每類植物都有專屬的花粉形態，有時單種植物就有自己獨特的形態。靠風傳粉的植物通常較平滑，以空氣動力學的角度而言，更能有效傳送。表殼最複雜的，則有著嚇人的凸起和棘刺，有如中世紀的釘鞋錘。這種形態的花粉粒出現在蟲媒花，長這樣較易勾附上蟲腹。

仰賴動物媒介的花，我們所能看得到的花粉通常只是一團或一囊更細的花粉粒，被有黏性的凝著劑固定在一起，其黏性使它很容易牢附上鳥嘴或甲蟲的殼。這種黏黏的油是花粉粒製造的，含有色素，使花粉呈現黃、橘、綠、藍、黑、棕等色彩，以吸引傳粉者的注意。它還能產生香味、防水，並保護花粉不受紫外線威脅。

花粉離開花藥的方式有很多種。通常，花藥會逐漸乾燥，沿著接縫裂開。乾燥的過程可能很平靜，也可能很劇烈，以致雄蕊抽搐並蜷曲成一團。這時只要輕輕一碰，某些蘭花就會機關槍似地發射花粉：碰！碰！碰！

花常會保護花粉。有些花藥在環境太冷或太濕時，會再度闔上；某些花的花藥錐只容許裡面的花粉從花藥頂端的孔釋出，這樣也讓花藥在適當傳粉者來到前，保持安全乾燥。蜂隻停在花藥上，用能讓花粉釋出的頻率震動腹部肌肉；震動的方法不對的話，就得不到花粉，要不就是只能得到一點點。蜜蜂似乎震動得不得要領，只會徒勞無功地怪動作，例如試著把舌頭伸進花藥的

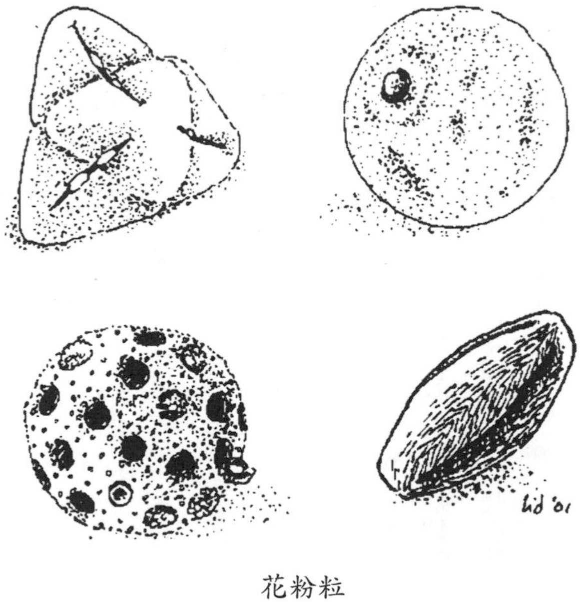

花粉粒

孔中。熊蜂則比較請得出花粉。全世界大約有百分之八的花，包括蕃茄、馬鈴薯、藍莓、蔓越莓等，需要熊蜂來到窗前，深情款款地高歌，打動花粉現身。

許多昆蟲的身體都是專門為取得、食用、運送花粉設計的。絕大多數種類的蜂為了勝任傳粉員的工作，重新打造自己的身體。工蜂的後腳有如一把瑞士刀，包括了花粉籃（一塊長滿毛、下凹的區域，可防止花粉掉出）、花粉耙（一排直立的剛毛）、花粉壓模（一塊扁平的區域）、還有更多的花粉梳（一排排直立的毛）。花粉從前腳經中間的腳傳到後腳的過程中，這些部位就通力合作，最後把花粉揉成一個丸子裝好。

傳粉者會使出扒、刮、撬、抓、壓的功夫取得並打包花粉，花粉自己也常會主動出擊；有些花的花粉居然能跳過與昆蟲間的鴻溝。慾望的原動力是來自靜電。

植物有自己的靜電場，在晴朗乾燥的天氣裡靜電場最強。花有如植物的電極末端，電壓最高，特別是其乾燥部分，通常都帶負電。

剛離巢的蜂通常也帶微弱負電。不過飛行造成的摩擦力會趕跑電子，使蜂隻改帶正電。當覓食中的蜂隻接近帶負電的乾燥花藥，花粉粒會蹦出，附在昆蟲身上。

於是，身為蜂隻的乘客，花粉也跟著帶了正電，於是又可以蹦出了，這回是跳上帶負電的花藥。

像個將抵岸的水手。

像個要降落的飛機駕駛。

像個行路困乏的旅者。

又冷又迷惘的遠行者，敲了敲村舍的門。窗裡有光透出。有家的味道。

如果花粉粒運氣好的話，它會遇上合適的花——同種，但不在同個花序，也不是花粉親代的女兒或孫女這樣的近親。

不論表面是光滑還是有刻痕，任何花粉的外殼都有開口，讓花粉粒在離開花藥時能釋出水分，減輕重量。這時，同樣的開口則能吸收水分，讓花粉粒在另一朵花的柱頭降落時再次充水。

某些雛菊的柱頭是乾的。柱頭外面的細胞先是「讀出」來訪花粉的身分，認證通過後，才會分泌需要的液體。

許多花接收花粉的柱頭本來就是濕的，花粉粒可輕易沾附其上，並吸收表面的糖水。隨即花粉粒裂開，鼓漲，吐出一根花粉管。有時候，花粉管是用「鑽」的方式通過花柱纖維；有時候，花柱已經有一條空的通道、或是像果凍般容易穿越的區域。

花粉若來自相合的花，它就會通行無阻。要是來自不相合的花，通常都會歪錯方向，爆裂，或停止生長。

以秋水仙為例，花粉管會在授粉後的十二小時抵達胚珠。有些花的花粉則是六個小時就呼嘯而至。胚珠有孔可通，花粉管就從這灌入兩枚精子，一枚給胚乳，另一枚給卵細胞。

結局如果圓滿就是這樣。以靠動物傳粉的花來說，這就是「好」花粉粒受到的待遇。「不好的」花粉粒當然就被吃掉了。

大部分的花粉都有隨時犧牲的準備。花粉是很多昆蟲的早、午、晚餐，外加點心。在一隻採買中的昆蟲眼裡，花粉的營養標示很吸引人：百分之十六到三十的蛋白質，百分之一到十的脂肪，百分之一到七的澱粉，無糖，含有多種維他命、礦物質。

花有時非常大方。每朵虞美人的花可以製造兩百五十萬個花粉粒，讓傳粉者都超載了，僅僅指望其中有些不會被吃掉，讓百萬花粉粒中的少數幾個能抵達另一朵虞美人。

其他花為了打動顧客，製造出不育的偽花粉。偽花粉成本較低，但營養價值差不多。有著具生殖力花粉，體型更小的雄蕊被藏在適當位置，讓昆蟲可以輕易接觸到。對蜜蜂來說，花粉供給充足，又可輕易尋得，不過取得的過程很耗體力，絕非速食。蜜蜂先用上搖、耙、壓、塞的功夫，然後再飛回牠的聚落。花粉在此須經化學處理才不會發芽，再經過貯存前的處理，最後做成「蜜蜂麵包」，給幼蜂和成蜂吃（會製成蜂蜜的花蜜，又是另外的處理方式）。堅硬多刺的殼處理起來很麻煩，消化一團花粉有時得花上蜜蜂三小時的時間。

一落在柱頭上，花粉立即就會對水分和其他化學訊號起反應。如果不是這些訊號，花粉的外層本來是非常穩定的，號稱是目前所發現抗性最強的有機物質，而這種天然聚合物的耐力可與工業生產的塑膠媲美。儘管花粉內在的活性只能維持片刻，花粉表面卻能強力防腐、抗壓，耐得住極端的溫度條件。科學家曾在結凍長毛象的胃裡找到未消化的花粉粒，經過了三萬年，外壁仍然還在。變成化石的花粉還能保存得更久。

考古學家自然會愛上花粉，其實古生物學家、氣候學家、地質學家、法醫學家也是。例如說，從遺留下來的花粉粒，我們知道大約五萬年前的尼安德塔人是用整朵花埋葬死者，包括古代的藍風信子、黃橐吾、矢車菊，還有洋蓍草。發現他們這麼愛花，不知怎地，我們對他們的感覺變得更實在了。突然間，我們可以看到他們在哭泣、看到他們對來世的信仰。我們看到了文化。

一九九四年，在德國的馬德堡發現了一個埋葬了三十二具年輕人屍骨的集體墳墓。遇害者不是早春時節被蓋世太保殺害的德國人，就是在一九五三年六月，因為拒絕鎮壓德國人叛變，而遭蘇聯祕密警察殺害的俄國軍人。其中七個頭骨的鼻腔發現車前草、萊姆及黑麥的花粉，這些都是在六月時漫天飛舞的：凶手是俄國人。

杜林裹屍布上也找到了花粉的痕跡。這裹屍布是片麻布，上面有個受傷者的形象，有些人相信這是耶穌基督埋葬時的裹屍布。從西元一五三八年起，該裹屍布就供奉在義大利某天主教堂內。後來，霸王屬植物和風滾草的花粉證實了其原料來自以色列。

花粉還在路上。

傳統納瓦霍人相信「花粉道」溝通的是眾神和人類。我們需要的就是這種和諧。

我漫游於花粉道上
在生命之屋裡

由神雲伴隨
我漫游到聖地
有神在前引路
在後跟隨
我漫游於生命之屋裡
在花粉道上

我們都走在花粉道上。我們都呼吸著這雄性的細緻的煙塵（有些人可能苦於它造成身體抵抗，引發各種意想不到的反應）。

親代樹在棲息地下方灑下一層細密獨特的自己。

每個角落的花都要抓住那降下的雲。榛木的深紅尖端躲起來，等待，接收。禾草類植物精細的柱頭扒梳著空氣，虞美人設宴相迎。花粉粒興高采烈地從蜜蜂身上跳下。

一半跟另一半合上了。

得走了，朝榮耀邁進。

第十章 一個屋簷下

花和科學有些相似之處。它們講究的都是社會，是團體生活：合作、競爭、盜取、借用、剝削、結合。

幼株正密切注意著。

它莖和葉中的感光細胞可以「看到」可見光譜內所有的光，從遠紅外線到紫外線都看得到。植物知道現在是白天而非晚上，知道白晝漸漸拉長了。它偵測到天氣很熱，波長短且有殺傷力的紫外線很強。植物的兩個基因開始作用，製造出一種無色的色素，作用如一層能濾去有害光的防曬油。

幼株忙著往下生根。根部負責品嚐、測試、搜尋營養物質，當遇到一塊富於鹽分或礦物質的區域時，貪婪的根會急忙往那邊生長支根，以蒐集食物。地面上，植物也在品嚐、測試，從空氣和昆蟲叮咬中蒐集化學物質；當植物感受風頻頻撞擊自己的莖，它的反應是長出更多細胞，使纖維質地更加堅實。植物是很敏感的，即使是小小的電流都會讓植物感到刺痛。暴風雨將至，風雨雖能促進生長，不過準備功夫還是不可少的。

最重要的問題還是沒解決：何時繁殖？荷爾蒙訊號對了時，嫩枝多葉的尖端就會停止長葉，改而長花。促使這些荷爾蒙產生的因素往往不是光，而是黑夜持續的長度；這裡所需的黑夜長度是透過植物的綠葉仔細算出來的。在早春或秋天開花的植物需要晝短夜長的週期，夏季開花的植物則需要晝長夜短的週期。有些植物還需要氣溫的催發，它們在秋天長出花苞，到春天才開花，之間要經過數個月的寒冷；有些開花植物，例如鬱金香和風信子，則只憑氣溫決定要不要開花；有些植物靠雨來催花，有些靠的則是乾季。

幼株等待著荷爾蒙的產生。在晝夜循環的週期完全吻合時，它就會開始分泌。

在幼株個體短暫而甜蜜的一生中，它會受到其他植物的影響。大部分情況是來自其他植物的競爭，它們會吃掉幼株的食物，用它的水，吸收它的陽光。幼株必須快快反應。譬如說，當它發覺吸收到的陽光不足，它會長快些、高些，並往高處長，以掙脫鄰近植物的遮蔭。如果是向日葵的話，它會釋放一種有毒化合物，抑制隔壁月見草的生長。

幼株本身也是個競爭者。

令人驚訝的是，幼株成長的過程中，可能還會受益於其他的植物。不談遠的，光看現在，真菌就跟幼株建立起了關係，為它的根提供養分（真菌並非植物，但和植物關係密切，亦敵亦友）。而等到幼株開花時，位於同一帶的其他花更可以幫忙吸引傳粉者，或驅走害蟲。它們的花朵可以是很好的模仿對象，而且，也許可以從它們那邊借用或偷來些什麼。

幼株生活在植物形成的社會（community，生態學中習慣說法為「群落」）裡。人類對「社會」這個字眼特別能產生共鳴，往往摻入了些懷舊之情。我們本來有更多社會，如今哀悼社會的消失。

我們也許忘了這社會提供的不一定是支持。社會會對通姦者群起而攻之，對不合流俗者橫加羞辱。對個體而言，社會的存在是福也是禍。

社會就像我們的鄰居（「他現在在做什麼？」）。

不同的花可以成為好鄰居。

紅躍升花跟藍飛燕草長在一塊時會分段開花，一種先開，另外一種再開。這樣，昆蟲可以覓食的時間就拉長了。有些昆蟲就需要這多出來的時間來達到性成熟，繁殖下一代。於是花朵彼此合作，串聯起開花的時間，為著自己的傳粉大業，協力供應傳粉媒介的需要。

花在一天中的不同時間開放，也讓傳粉者整天都有事做。不同的花以不同獎品滿足傳粉者的各種需要；為蜂巢採集花粉的蜂隻，可能也要來杯花蜜，以保持動力。花釋出香味或氣味分子到空氣中，跟傳粉者溝通。植物也對非傳粉者說話，通常是為了尋求幫助。

寄生的胡蜂會刺穿毛毛蟲的身體，將卵產在裡面。當幼蟲逐漸長大，就把宿主當作食物，並殺死牠。毛毛蟲當然會躲避寄生蜂。在一大片多葉的植物叢中，寄生蜂要怎麼才能找到獵物呢？

當植物嚐出毛毛蟲的幾種分泌物時，會釋放化合物到空氣中。寄生蜂認出這些化合物，就跟來了。快快快……植物說，我已經發現他了，他完全沒發覺。就在這裡，葉子下面！他正在吃著這片葉子呢，最好快點過來呦。

一九八〇年代時，研究者以柳樹和楓樹為例，說明一棵樹受到害蟲損害後，周遭樹木的抗蟲害能力會變強。受損的樹或許曾釋出某種化學訊號，來警告附近的樹採取防範措施。「說話的樹」這個理論當時飽受批評和嘲笑，然而今天證明了這些科學家是對的。在條件控制更好的新實驗中，科學家已經清楚指出，遭害蟲侵襲的植物確實會釋出受傷的訊號，使附近還沒被損害的植物更能驅散這些蟲、或引來害蟲的掠食者。也許這些經由空氣傳送的化學物質，會直接被沒受損的植物吸收利用，但更可能的是，這些化學物質會誘發基因的表現，讓植物自己產生抗蟲的反應。

大部分這些研究都是針對作物。正常的狀況下，見到胡蜂在一隻癱了的毛毛蟲中產卵，我們不會幸災樂禍，除非那種毛毛蟲會吃掉玉米。我們看到種植的蕃茄能為求自保主動出擊，真是鬆了一口氣。我們感興趣的是甘藍菜和甘藍菜蚜、皇帝豆和葉蟎、甜菜和行軍蟲的幼蟲。

我們對植物更加了解後，不難猜到野花也有相似的防衛機制，像是深藍色附子花、紫藍飛燕草、天藍亞麻、黃耬斗菜、金黃向日葵、淡色馬先蒿、格陵蘭馬先蒿、流星花、紅色躍升花、扁萼花；說不定這些植物彼此也會談談呢。

當然，草地不是真像個市郊的住宅區。它其實更像購物中心，每個植物就像是在此做生意的店家。照常理來想，這個購物中心內只能有這麼多家鞋店、餐廳、精品店。當兩種花太相像時，競爭會更加直接，按理說，其中一個可能會被淘汰出局。

飛燕草屬植物

然而，這種情況似乎沒發生過。花往往能學會調適，有些改採自體受精，有些推出新獎品，也許是某種全新產品，例如樹脂、油、或香水；有些則是改變開花時間。紅色躍升花長在某種吊鐘柳旁邊，而其中一種會視對方的生長情況，提早或延後開花（美國各地的情形不同）。

不過，某些植物間、不同物種間的競爭可以很激烈。

在西南部，三齒蒺藜和一種叫濃密豬草的灌木共享沙漠中的資源。兩種植物發展出領域觀念，會彼此保持距離。濃密豬草的根要是進入了三齒蒺藜的根盤踞的領域，會停止生長，因為三齒蒺藜會釋放一種生長抑制劑。即使侵入的是另一株三齒蒺藜的根，也會被同樣的化學物質攔截。

相形之下，濃密豬草對三齒蒺藜的侵入就顯得無力招架。不過當一株濃密豬草的根碰到另一株的根時，生長力也會下降。若是同株植物的根相碰則不會有事。這種植物既能認出自己，也能認出非己。

植物施法害其他植物的現象稱作毒他作用，植物會釋出毒害附近植物的物質。早在西元一世紀時，希臘科學家普利尼就觀察到，黑胡桃木下面長不了什麼植物，它的陰影

「太沉重，而且有毒」。像藜、薊、莎草、鵝腸菜之類的野草，不只是會爭取資源，也會阻礙附近植物健康地生長；多種的芥菜和向日葵同樣也具毒他作用，金梍花和紫苑也是。自然界裡一叢叢同種的樹或草透露出強制劃界的訊息：不要越界……滾！對，就是你。

有些植物會主動掠奪彼此。獨腳金的種子只有在像高粱、玉蜀黍、大麥之類的穀物，或是菸草、豇豆之類的作物在旁時，才會發芽。這些植物開始生長時，獨腳金也同時迅速在地底下竄出，不懷好意的手指伸向受害者，同時發展出一個特化的、類似根的器官，使寄生物可以吸出宿主植物根裡的水分和養分。最後它會探出地面，開出一朵漂亮的紅花。

事情發展到了這個地步，農夫恐怕已經失去自己的高粱田了。在亞洲和非洲一些地區，獨腳金可以禍害高達百分之四十的可耕地。對這些地區來說，農作歉收是一家子的不幸，孩子會飢饉而死。獨腳金在那裡和戰爭一般致命。

其他像美洲商陸或槲寄生之類的寄生植物，攻擊的則是闊葉木。檀香的食物來源是附近的禾草類植物。水晶蘭有鬼魅般的白色管狀莖，上頭開著一朵白花；它缺乏葉綠素，要從真菌補充養分，而這真菌原本也是鄰近樹木根系的一部分。

在長滿包括飛燕草和耬斗菜的草原上，最奇特的寄生現象也許發生在另一種柄銹菌屬的真菌，銹菌身上。銹菌感染的是芥菜類，它會違反植物的天性，重新設定芥菜的生長方式。受感染的芥菜植株和未受感染的看起來大大不同，患病植株的一般葉片和基部叢生葉的數量可能比正常植株多兩倍，可是高度卻只有一半。加長的莖上面，頂著的不是芥菜的花，而是一簇簇豔黃色、形狀像花瓣的葉子，還流出又甜又黏的物質。蝴蝶、蒼蠅和蜂來造訪這朵偽花時，會像平常傳粉一樣，灑下稱作「孢子」的真菌生殖細胞。這些孢子這會得去找別的孢子結合了。

值得留意的是，偽花的氣味和宿主植物的花或是營養器官的氣味不同，也跟同時開放的花，如毛茛或天藍繡球的氣味不同，偽花散發自己獨特的氣味，也許這樣能夠促進傳粉的專一性，使傳粉者把真菌的生殖細胞搬移到另一朵冒牌花，而非真花。

即使是植物學家，如果遠看，都還可能把冒牌花誤認成真花；至於我等，連近看都會上這柄銹菌屬銹菌的當。

花在競爭中想要成為贏家，還有另一種類似「合氣道」的戰略，也就是利用敵人的長處。

在「警戒擬態」的狀態下，花試圖看起來像另一種花。蘭花會長得像某種有花蜜的百合，卻不提供花蜜。這樣的模仿是有限度的，模仿過度會失靈，可能讓傳粉者學乖，改找別的花；但也可能傳粉者沒覺悟，結果缺乏食物餓死了。警戒擬態仰賴的是模仿對象的繁盛，模仿對象繁殖得愈好，它們就愈能成功繁殖。

大多數情況下，警戒擬態是偽裝成像有花蜜或花粉的花。有些花則會做做伸展操；有些蘭花會在微風中搖擺，企圖模仿昆蟲行動的樣子，然後一隻有領域觀念的昆蟲會前來襲擊花朵（也就順便為花傳粉了），想把侵入的「昆蟲」（其實是蘭花）驅離。不過，蜜蜂不是每次都那麼合作，蘭花有時還是得自體受精。

動物的警戒擬態更常為人提起。動物這樣做的目的跟傳粉無關，而是為了躲避掠食者。於是不會傷人的王蛇，長得卻像有毒的珊瑚蛇。一隻醜陋但無毒的毛毛蟲，看來卻像醜陋且有毒的毛毛蟲。在這兩個例子中，形似（resemblance）只對模仿者有好處，別人不能分沾利益。

另一種叫「繆勒擬態」的模仿行為就相當不一樣了。在繆勒擬態的情形下，形似對模仿和被模仿的雙方都有好處。

好幾科的植物都包含多種花序是小白花的種類。這些繖狀花序的花形狀都差不多，吸引的昆蟲就有很多種。這也許顯示植物藉由繆勒擬態，把黃心白雛菊、黃頂的蒲公英、紫苑、還有其他眾多親戚全部聚集起來，互通有無，能招來更多的傳粉者，使全體受益。

在美國西部，多達七個不同科的九個種的植物都有紅色管狀花，而且在同時開花。遷徙的蜂鳥喜歡紅色管狀的花朵。不同種的花會把花粉放在鳥身上不同的部位，好讓花能找到相似的花，為其授精。

其中有八種花還結合了大家的花蜜，來供應為數眾多的顧客。剩下的第九種則是運用警戒擬態的策略；它是紅色管狀的，但沒有花蜜。

當植物學讀到了某一個階段，非植物學者會抬起頭來，問道：「到底誰是貝茲，誰又是繆勒？」

時光倒流回一八四八年的亞馬遜流域，貝茲坐在獨木舟裡，搖搖晃晃順流而下來到一部落。當地的猿猴、魚類、還有蝴蝶讓他著了迷。貝茲時年二十三歲，他的同伴華萊士二十五歲。兩個男孩來自英國，想當博物學者和收藏家。

貝茲在接下來的十年繼續探索亞馬遜盆地，最後他採集到了包含八千種新種類的昆蟲。

一天，在觀察一群南美蝴蝶時，貝茲認出了其中有兩種不同的種類，第二種跟第一種長得非常近似。掠食者不愛吃第一種蝴蝶，第二種其實味道很好，但其色澤騙過了掠食者。回到英國後，貝茲向當時聲譽崇高的林奈學會發表了一篇這些蝴蝶的報告。

幾年後，巴西動物學家繆勒報告了另一種形式的模仿行為：兩種都很難吃的蝴蝶，最後彼此可能會長得一個樣，以最有效的方式抵禦掠食者。過去以為巴西的美洲黑條樺斑蝶用了警戒擬態，模仿帝王蝶；事實上對鳥來說，這兩種蝴蝶真的都很難吃。他們結合了彼此的長處，讓掠食者只需一半的時間，就學到把牠們吐掉不吃。

貝茲的同伴華萊士也離開了亞馬遜盆地，前往馬來西亞，繼續進行採集工作。華萊士在這些島上看到的，跟二十年前達爾文在加拉巴哥島上所見雷同。華萊士很興奮，寫了封信給達爾文。達爾文回信了。

最後，達爾文擔心華萊士可能會先發表他的理論，終於完成了拖了很久、講述天擇的著作。一八五八年，兩個分別由不同作者寫成的著作，向林奈學會發表了。

一年內，達爾文的《物種源始》出版。

緊接者，貝茲發表了他有關蝴蝶的研究。這似乎是天擇運作的最佳範例：跟有毒模仿對象相像的個體占到優勢，不會被掠食者吃掉，因此較有機會讓自己的基因傳下去。於是，愈來愈多的個體長得像原模仿對象，整個物種成了個模仿大隊。達爾文寫了封熱情洋溢的信給貝茲。

三人間的對話於是展開。

花和科學有些相似之處。它們講究的都是社會，是團體生活：合作、競爭、盜取、借用、剝削、結合。

草地上的野花搖曳著，光華四射。有深藍色附子花、紫藍飛燕草、天藍色亞麻、黃耬斗菜、金黃向日葵、淡色馬先蒿、格陵蘭馬先蒿、流星花、紅色躍升花、扁萼花。

某處，一棵幼株開花了，在風中輕搖，吐出甜香。情況看來很不錯：傳粉者有意造訪，害蟲不起壞心，土壤的狀況恰到好處。

而且，鄰居看起來都挺友善的。

第十一章　巴別塔和生命之樹

他們明明知道一朵花的俗名是「黑腳雛菊」，偏偏要說Asteraceae。

他們最喜歡刺耳的拉丁文，比賽誰能說得最溜……

要說植物學家古雅得可愛也可以，說是裝腔作勢到惹人厭也可以。他們明明知道一朵花的俗名是「黑腳雛菊」（blackfoot daisy），偏偏要說 Asteraceae。他們最喜歡刺耳的拉丁文，比賽誰能說得最溜：這是 *Melampodium leucanthum* 嗎？*Chrysanthemum leucanthemum* 呢？*Monoptilon bellioides*？*Bellis perennis*？

不是啊？不是 *Erigeron divergens* 啊？*

大人在說話，小孩霧煞煞。

「是朵雛菊啦！」外行人低聲說。

在傳統分類學裡，雛菊屬於植物界，被子植物門，雙子葉植物綱，菊目，菊科；而該科包括了一千個屬，這些屬底下有約一萬九千種植物。各個類別如界、門、綱等等，稱作分類單元。

分類學家做的事是把東西分類。他們自己便隸屬於動物界、脊索動物門、哺乳綱、靈長目、人科、人屬，以及該屬唯一現存的種，智人。

分類學家斥責外行人：世界上有太多種雛菊了，我們得要分得更明確些。

同樣的，俗名叫藍鐘（bluebell）的植物也太多了，但它們的屬別、種類均不同：

在紐西蘭指的是岩土沙參，美國是大桐懷鐘穗，西非是蝴蝶花豆，蘇格蘭是北極圓葉鐘，英國是藍鈴花。

光是在英國就有十種不同的「布穀鳥花」，只要是在布穀鳥啼時的清早開花的都算。還有太多可笑的俗名，像是「別碰我」（touch-me-not，即鳳仙花）、「血紅的鸛草」（bloody cranesbill，血老鸛草）、「張開的屁眼」（open-arse）、「講壇中的傑克」（jack-in-the-pulpit，三葉天南星）、「火輪」（firewheel，天人菊）、「猩紅號角手」（scarlet bugler，大紅吊鐘柳）、「巫婆榛木」（witch hazel，北美金縷梅）、「女士的拖鞋」（Lady's slipper，拖鞋蘭）、「無花果草」（figworts，玄參）、「長鬚的舌頭」（beardtongues，吊鐘柳）、「蛇掃帚」（snakebroom）。

大人要談正經的事前，首先得學會正經的語言。

---

* 編按：Asteraceae 即菊科。文中的拉丁文依序為黑腳雛菊、瑪格麗特、莫哈維沙漠之星（Mojave desertstar）、雛菊以及一種飛蓬屬的植物。

目前所知最早的植物分類著作是用拉丁文寫成的，時間是在西元前四世紀。將近兩千年後，一位英國植物學家完成了第二次重要分類，也是拉丁文的。十八世紀時，某科學家坦承小時候跟爸爸說話只准用拉丁文，結果他在學會自己的母語瑞典文前就會拉丁文了。

「救命啊，爸爸，我要淹死了！」

「*Filius, filius, linguá latiná dicte!*（兒子，兒子，用拉丁文！）」

這種管教方式頗有距離感，是冷酷細算下的產物，可能出自控制慾強烈的人格。也許正是類似的方式，培養出像林奈這樣的人。林奈也是瑞典人，生於西元一七〇七年，父親是神職人員，也是個好學不倦的植物學家，林奈的叔叔和祖父也是（連他的曾祖母也曾是植物學家，後來還因此被指控為女巫，處以火刑）。林奈長大後成為一個自大、虛榮、沒有安全感的人，他的才智都花在組織植物的架構。他把植物依生殖器官分成了二十四綱。

「上帝負責創造，林奈負責讓受造物就位。」他說。

要想把整個世界組織起來，自大也許是必要的。林奈發現到，要推廣他的工作成果，用第三人稱發言很管用，別人比較會把他的話當一回事。儘管他標榜的分類系統是人為的，而且有些地方很奇怪，在當時仍是最方便且完備的一套。不過幾年的功夫，他的分類系統就成了主流。

林奈最重要的貢獻，是給每個物種一個兩項式的名字（二名法），即每個名字可分為兩部分；我們至今還沿用這套方法。第一個字的字首大寫，代表屬名，例如說 *Mentha* 指的是薄荷，*Vitis* 指的是葡萄；第二個字是小寫，功能是描述，譬如 *Mentha peperita* 就是胡椒薄荷，*Vitis vinifera* 則是一種常見的釀酒葡萄。

今日的科學家在發現新的物種時，依循的是「國際植物學命名法規」，簡稱「植物命名法規」。物種首先依界、門、綱、目、科、屬的標準決定它牛眼菊的定位，然後再用二名法來命名。用所謂「植物拉丁文」取的名字，和發現者以自己母語所命的名，都一齊交至主事的期刊，由那裡的編輯和工作人員審定是否真的是新物種、名字是否沒人用過。

植物拉丁文的文法已經簡化，加了些新字，改變了字義。要是講給古典拉丁文學者或是古代羅馬人聽，他們會宛若鴨子聽雷。儘管如此，就像一位語言學家說的，「活狗總比死獅子好」（A living dog is better than a dead lion）。

植物拉丁文就是隻活狗。

Eregeron devergens. Monoptilon bellioides.

這些原本詰屈聱牙的字，終會變得順口，就像岩石經過了水流翻滾、旋轉、經過歷史打磨後，變成了輕盈的石子。

Melampodium leucanthum. Bellis perennis.

你也可以加入談話。你也會覺得自己與眾不同。

牛眼菊

林奈在演化理論出版前一百年就發表了對花的分類。他用外部形態把植物分類，大部分直到十九世紀仍具有絕對權威。他的二名法和分類階層，至今仍為大家沿用。

當代分類學家試著以世系，即植物及其後代隨時間演化的形式和過程，為分類標準。沿這條世系之線往下走，生物共有的特徵愈來愈多，到了物種的單位時，生物共有的生殖特徵，已足以讓它們共同繁殖出有生育力的下一代；沿這條世系之線往下走，每降一級，物種間的演化關係就愈密切。

分類學家都同意，分類應該要能反映演化過程。但是他們對生物的哪些特徵較原始、哪些又較進化的看法各異；同樣有爭議的是訂定各階層時，該採用何種指導原則。因此，植物學家採用了數種不同的分類系統，以反映訂定者的個人特色。

譬如說，會產生莢果或豆子之類的果實的豆科植物，可以依花的形態分為三類。含羞草的花是輻射對稱的；普通豆科植物的花是左右對稱的，有五片花瓣，中間的花瓣較大，突出花苞外；美國皂莢樹的花也是五片花瓣、左右對稱，但中間的花瓣不大，不特別顯眼，也不會長出花苞外。如果你認為花的形狀很重要，你就會把三類植物分別劃入三科內，然後別人就會說你是個分裂主義者。如果你覺得形狀不重要，果實或是豆莢才是重點，你就會把它們全堆到一科內，分屬於三個亞科。你要是這樣做，別人就會稱你為合併主義者。

還有一種叫作「支序分類學」的方法，可供你發展出自己的一套分類。首先，找出某種植物特徵，定義它是原始還是衍生出來的。玫瑰的紅花和直立龍鬚蘭的紅花是由兩種化學結構不同的色素造成的，是哪種色素先出現，哪種由另一個衍生？不同的演化分支圖，顯示的演化分支和演化模式都不同。命題很複雜，牽涉因素眾多，可能性也許成百成千，甚至達百萬種。不過，電腦可以幫你計算，推測出較可能的形式。

不論你是哪種分類學家，電腦都可以助你一臂之力。現在我們能藉著觀察植物的去氧核糖核酸（DNA），推測出植物是何時、如何、從什麼演化而來的。我們觀察細胞，觀察基因和染色體。然後，我們從顯微鏡抬起頭來了，有點鬱卒。原來，我們目前很多分類都是錯的。每天都有壞消息傳出。例如，蓮花跟睡蓮並沒有關係，而是跟美國梧桐同一類的。

有種體型小，開白花的芥菜，學名是*Arabidopsis thaliana*（即阿拉伯芥），實驗常用到。阿拉伯芥身為第一個完成基因定序的植物，有關的研究報告數以百計。我們對它所知甚詳，不幸的是，有回一位植物學家研究跟它同屬的二十五種植物時，竟發現其中有二十種跟它沒有演化上的關聯。這種植物勢必得重新命名，全世界的植物基因學家一片譁然。

單單是新的植物知識就已經漸漸無法跟舊的等級系統：界（kingdoms）、門（phyla）、綱（classes）、科（families）、屬（genera）、種（species）相容了。以前學生要靠提示性字句來記住這些等級：菲利浦王只為金銀而來（King Philip Came Only For Gold and Silver）。後來，分類學家又加上了總目（superorder）、亞科（subfamilies）、族（tribes）、群（cohorts）、類（phalanxes）、亞群（subcohorts）、亞類（infraphalanxes），能幫忙記住這些的詞句本身就太長了。

在目前的系統下，新的發現可能會產生骨牌效應，一個植物家系改了名字，也許以下不計其數的植物名都得跟著改掉。植物學法則裡的更動，有時非常複雜棘手。

光是用植物學法則命名這檔子事，本身就夠複雜的了。

有些生物學家想要一個新的系統，丟棄已扭曲且多有矛盾的界、門、綱這些等級，改給植物取個能看出其演化過程的合適名字。這樣的命名保有林奈「階層」的精神：一類植物包藏在一個更大類別中。人類也許就可以叫作智人、人、人、靈長、哺乳、脊索動物、動物（*Sapiens Homo Homidae Primata Mammalia Vertebra Metazoa*），或簡稱為智人（*Sapiens Homo*）。這樣，要是又有什麼新發現（譬如發現我們的遠祖原來來自外太空），要改名字就容易多了。

菲利浦王再也沒人理睬了。

「這是從發明切麵包機以來最偉大的成就*。」一個植物學家說。

「蠢透了。」他的同事說。

「聽來挺吸引人的。」第三個人說。

又是一個溝通上的問題。

我們希望藉由取名字來更認識雛菊。然後，像滾雪球一般，我們想知道雛菊的親戚叫什麼名字，還有跟這些親戚有關的植物的名字，還有這些植物的親戚要怎麼稱呼……最後，我們發現到，我們根本是要為全世界命名。

雛菊只是植物學家稱作生命之樹的結構裡的一個小分支，我們還想認識整棵樹。要達成這個目的，需要做的不光是找出一個共通語言，或是進行一場談話而已，更牽涉到名字如何互相連結、產生關聯，名字如何形成一個更大的整體，就像植物由細胞開始成長，然後分裂出枝葉，最後包羅了世間萬物。

這是生命之樹。要描繪出它的全貌，通常我們會把構造簡單的單一細胞當作樹底，由它們畫起。這些稱作原核生物的細胞內在結構簡單，有些已習慣了嚴苛的天候，例如高溫的水池、或是剛誕生的星球之類的嚴酷環境。原核生物向上一層，是稱作真核生物的細胞，構造更複雜，中心有了細胞核還有其他結構。這兩種單細胞生命形式共同組成樹上的最大、同時也是最乏人問津的部分，所占比例遠遠超出其他生物。此區有數以百萬計的物種未經發現，甚至也沒人打算去發現。這巨大的「樹幹」常分成兩界，原核生物界和原生生物界。

繼續往上升，快到頂端了。構造複雜的單一細胞，結合成為多細胞的真核生物，即

＊ 西方人以麵包為主食，但以前得用手切，故視切麵包機的發明為了不起的成就。——譯注

我們說的樹冠部分。我們習慣把樹冠分為三界：植物界、真菌界、和動物界。

最近的研究已經在這些枝幹間捲起一陣旋風。

植物界這單一枝幹，實際包含了三個獨立的植物群，即三組由三種不同單細胞生物演化而來的世系。綠色植物包括綠色藻類和所有陸地上的植物，紅色植物指的是紅藻，褐色植物是褐藻、矽藻及一些長得像植物、但不行光合作用的生物。

第四個分支的真菌，包括了酵母菌和蘑菇。蘑菇也許看起來閒閒沒事，像朵雛菊般地生長，但以演化觀點來看，蘑菇和其他真菌或動物的關係比跟植物密切。

動物界（嘿，來點音樂！）是第五個分支。就醫學的角度來看，我們在演化上跟真菌近似，意謂著真菌造成的感染很難醫治，因為對真菌有害的，對我們也有害。我們親如手足，有著太多的共同之處。

了解生命之樹上誰往哪裡去、誰跟誰有關係很有用。如果我們知道某種疾病是細菌而非真菌造成，我們的應對將會不同。另一方面，要是某種植物對我們有某種益處，它的親戚可能也對我們有益。當研究人員發現短葉紅豆杉能產生紫衫醇這種抗癌藥物，沒多久這個樹種就因濫採而瀕臨絕種了，但很快我們就知道再去找也能產生紫杉醇的相關物種。我們甚至發現，某種長在紅豆杉上的真菌，也能產生紫杉醇。

紅豆杉、真菌、還有研究者。我們關係之緊密，超乎我們所願意相信的。我們緊縮在生命之樹的一角，被細菌包圍；微生物的勢力之大遠超過我們。

在生命之樹上，人類只是根小樹枝；我們所屬的動物界領域極其微小。但是我們才是重頭戲。我們喊出生物的名字，夢想為牠們命名；我們讚美賜給世上生物名字的神祉；我們明白命名的魔力，我們很清楚命名即占有。

有人說，玫瑰不管取什麼名字都會一樣的香。不過這只是某人的意見罷了，說不定它改了名字就不會那麼香、聞起來就會不一樣。也許，所有的不同都是名字造成的。

是朵雛菊，好漂亮。它的心是蛋黃的黃，花瓣是乳白色的。我們一片片地剝下花瓣，輕聲默念：「他愛我……他不愛我……」，我們還用花編了個環戴在頭上。

我們想為雛菊命名。叫作 *Eregeron divergens* 吧。不，叫 *Bellis perenis*。不對，應該是 *Chrysanthemum leucanthemum*。

伴隨些儀式，我們把雛菊在生命之樹上放妥當了。

第十二章　花與恐龍

這些花和所有現存在世上的花的源頭，能追溯到幾百萬年前第一株綠色植物，那個只有針頭大小、一層細胞的厚度，傍淡水而生的植物。

是十億年前的事了。

你身處水中。水從身旁流過，一切輕鬆而愜意。你吐出了雄性生殖細胞，它們隨流水漂走。你吐出了雌性生殖細胞，它們也隨流水漂走。你離開了海洋，來到一個淡水湖泊。此處也挺不錯的。你很快樂，就像隻蛤（不過這時還沒演化出來就是了）一樣快樂。

你並未狂妄到自以為是綠色植物中的夏娃。和針頭一般大小的你，厚度相當於一層細胞。有件事挺讓人傷腦筋：由於湖岸不斷變化，湖水已退去，害你乾掉了。

不過你仍學著適應，保護自己不受陽光傷害，並在水漲時釋出精子，水退時按兵不動，讓自己習慣這種情況。你已不是昨日的你；有了新面貌的你，覺得自己不再只是顆綠藻。

你挺喜歡蘚類這個字眼。

現在到了五億年前。

你沒有葉子、沒有莖、也沒有根，很難傳輸礦物質和水分。於是，你決心要成為蕨類。有朝一日你會當上家庭盆栽，人類會是你的奴隸，每天為你灌溉，而你會住在一個可以觀海的大宅裡。

你現在有些自大了。「包裝」這個主意令你心動。你想要保護自己的胚（你稱之為種子）；你想把自己的精子裝在容器裡（你稱之為花粉）。

現在是兩億年前了。你已發現了空氣動力學這回事，知道風會把你的精子帶到另一株植物去。現在你是棵松樹了，是鎮上主要勢力的一分子。你遍鋪了整個大地，到處皆是起起伏伏的巨大森林。你是陸地上最成功的植物。你想在夾克上面加上你們這一夥的標幟：裸子植物（如果有做得那麼大的夾克的話）。

你是裸子植物，沒有花和果實。目前的成就令你心滿意足。你倚恃著自己的桂冠（這時月桂樹還沒演化出來呢！），心中感到無比的驕傲。

你想要別人也知道你的感覺。環顧森林，你瞥見了恐龍。

兩億年前，侏羅紀剛開始，爬蟲類和裸子植物分居陸地上動、植物界的霸主。爬蟲類指的是恐龍，已存在很久了。接下來的六千萬年，牠們的體型會愈來愈大，最後有些長到二十多公尺長，重達六十多公噸。牠們成群活動，用柱子似的腿行走，土地為之震動。驕陽下，牠們吃針葉樹、蘇鐵、銀杏、種子蕨的頂部，用耙子般的牙齒，扯下多葉的枝幹，然後讓食物在胃裡緩慢消化。當時，多數的大陸仍擠在一起，形成一個巨大陸塊。少數的蜂和其他昆蟲在空氣中輕輕飛過，少數外貌像鼠類的哺乳類則在泥裡匆匆鑽過。

一位叫艾斯利的作家曾形容過這樣的景象：「在陸地上，松樹和雲杉的森林形成一片單調的綠，連帶它們原始的毬花，延伸到每個角落。沒有禾草類植物掩蔽掉到地上的赤裸種子，雄偉的紅杉直指天際。那時的世界確有引人入勝之處，然而那是個巨人的世界，其步調悠緩，正如那些在巨大樹幹間昂首闊步的爬蟲類。」

這單調的綠色世界中，真正的花開始演化出來了。演化來源也許是種子蕨（某類已絕種的植物）、或是類似灌木的亞蘇鐵（也絕種了），也可能和麻黃同一個祖先。

同時，巨大的陸塊也在分裂。印度向北漂，北美向西漂。到了一億四千萬年前侏羅紀的尾聲時，某些植物的胚珠可能已漸發展出多肉的心皮，能包覆並保護原本裸露的種子。這些植物的種子散播出去時，正搭上了大陸漂移的便車。

海洋的另一端，北美這段陸塊正發生劇烈火山活動，導致山脊上升，並讓非洲和南美洲分開，歐洲的淺海乾涸。

時間太長，發生的事太多。

這就是我們喜歡化石的原因。化石是某個植物或動物在特定時刻的生命。我可以在化石中看到自己：埋藏在淤泥中，每個細胞的水分都榨乾了，體型因而縮小，變得乾硬，正等待著科學家來發掘。命運僅此一種，再明白也不過。

花最早的化石，有朵是在澳洲的孔瓦拉發現的，該化石已有一億兩千萬年的歷史。科學家原本以為它是一片沒鋸齒的蕨葉，後來才有人注意到那一簇簇句號般大小的花。這些小花全是雌性的，沒有萼片、花瓣或雄蕊，唯一的心皮沒有花柱，靠縮小的葉片來保護；整個化石約四公分高，外貌像一棵小型黑胡椒樹。理論上，它的雄性植株應該也埋藏在某地的岩石裡。孔瓦拉之花最可能是靠風傳粉。不過，或許也有些小昆蟲參與了任務。

當時是白堊紀前期，甲蟲已在為葉似棕櫚的蘇鐵傳粉了。其他的裸子植物可能也有利用昆蟲來傳粉。可以確定的是，早從恐龍的時代，蒼蠅和蜂類就已經存在。

這時，恐龍的體型莫名其妙地開始縮小了。小型動物熱量流失快，需要更高的新陳代謝率。於是，草食性恐龍開始學著更有效率地咀嚼；隨著鼻孔變大，呼吸也變得更有效率了。拜呼吸道跟口腔分離之賜，恐龍現在不但可以邊呼吸邊咀嚼食物，更能迅速消化完畢，把食物轉換成能量；同時腦容量和身體體積的比例拉近了，行為變得更有彈性。

到了白堊紀末期，恐龍已經分出了各種支系，從大到小、各式各樣的恐龍都有，種類之多空前絕後。

花也在分出各種支系，在亞洲和北美洲，留下了一億一千萬年前的化石。有些花兼有雌雄性器官，有些不只有一片，而是有八片心皮，有的心皮則已癒合。

九千萬年前紐澤西的一場火，把封在糞堆裡，數以百計花的細胞壁都給烤硬了；糞便化成了石頭。這些小花是三度空間的，其中有些和木蘭一樣，花的各部位呈螺旋狀排列。還有些破碎的象鼻蟲化石。從這些化石可以看出，當時有些花是靠著甲蟲用牠們典型的「吃喝拉撒」方式來傳粉的：甲蟲在植物身邊閒逛，吃吃東西，交配，排泄，最後拾起花粉，背在身上，做法正如今天的甲蟲。有些花會把花粉弄成一塊，跟今天的花碰到了可靠的傳粉者時，做法如出一轍；有些花跟今天的杜鵑花科植物、繡球花、康乃馨、杜鵑、豬籠草和橡樹有親緣關係；有些花會拿樹脂當作報酬。

而這是一捧來自白堊紀晚期的花束。

到了白堊紀晚期，開花植物已處處可見。在漂移的大陸上，它們已經以叢生的草本植物和灌木的形式，攻下了未被占領或處於混戰的地區。花漸漸發展出左右對稱的結構，花瓣癒合成方便小動物爬入的形狀。昆蟲也隨之應變。牠們發現了分泌花蜜的腺體，於是在一杯杯蜜汁間穿梭。一隻蛾懶洋洋地從恐龍的鼻孔穿過，停在一朵香甜誘人的花上。

妙的是，恐龍竟可能是促成這一切的推手。

侏羅紀時期優勢的草食動物體型巨大，以裸子植物的樹頂為食。通常這些植物都耐得住牠們的大嚼，因為嫩芽和樹苗是在下方生長茁壯的。

但到了後來的白堊紀，優勢草食動物變小變矮了，還長出了壯碩的頭顱和平坦、能輕易磨碎食物的牙齒，專為嚼爛植物纖維設計。下方的幼樹恐怕還沒來得及成熟、長出種子，就已經被吃掉了。這時恐龍跟裸子植物的互動關係，就完全是另一回事了。

同時，裸子植物的數目在白堊紀開始減少。長得快的草本植物和灌木、小小的被子植物，和所有無畏的殖民開拓者，突然撿到了便宜。一座座裸子植物的宏偉森林消失了，更多可繁衍的棲息地釋出；花有了生長演化的新空間。

艾斯利在其一九七二年寫的著名文章〈花如何改變世界〉中說到，開花植物提供小型哺乳類動物新的高能食品：花蜜、花粉、種子、果實。這些食物都經過濃縮，能提供哺乳類擴張和繁衍所需的能量。禾草類植物長出花後，平原上就會遍布吃草的動物；所有的哺乳類都到齊了，很快就會竄出一隻多毛的掠食者。百萬年後，在平原和樹林交界之處，會有一隻好奇心特別旺盛的哺乳類動物挺直而立，瞪著前方，手中抓根棍子。

艾斯利以這值得傳頌的句子為文章作了個總結：「小小一片花瓣，卻改變了地球的面貌，使我們得以稱霸。」

當我們看到一棵顏色黯黃的芥菜，或是路邊殘敗、布滿灰塵的罌粟時，將會想起這句話。花可能曾是為你我開路的功臣。

恐龍可能也曾為花開路。

我們一生至少會有一次，想像自己身處恐龍的國度之中；尤其喜歡想像自己躲在六千五百萬年前的樹叢間，而暴龍就在近處咆哮著。

她……來……了……，愈……來……愈……近……。

暴龍是個有自己專屬街名的恐龍。「她」走路的樣子像個瘋女人，步伐踉蹌，不時往回望，一副有所企圖的樣子。她身長十三．五公尺，身高達六公尺，體重將近四公噸。我們通常會想到她的下顎和牙齒。電視強化了人類遠古的記憶，我們想起被活生生吞掉的滋味。

如果我們把目光從暴龍牙齒移開，環顧四周，會發現眼前景象好熟悉。有像落羽松、紅杉、西洋杉之類的針葉樹，還有美國梧桐、月桂樹、美國鵝掌楸、木蘭。我們還看不到禾草類植物，也看不到像向日葵之類的花。不過我們確實看到了很多開花植物，裸子植物的時代幾乎已成歷史。

暴龍跨著大步離開，沒入了美國鵝掌楸的樹叢間，嘴裡還咒罵著。她還不知道全世界有超過三分之一的動植物、三分之二陸地上的動植物種類，即將面臨絕種的命運。她也不明白自己活在古生物學者所謂的「KT界線*」：白堊紀尾和第三紀初之間的短暫時期。她不曉得當古生物學者談論「能度過這個時期，存活下來的生物」時，沒提到她的名字。

沒有人能確實說出到底發生了什麼事。

多年來，火山持續且猛烈地爆發。火山爆發可能會釋出有毒物質到空中，也許因此導致全球氣溫下降。同時，淺海正由大陸退去。恐龍族群可能染了某種疾病，而使基因庫萎縮；甚至，會偷蛋吃的小型哺乳類動物也可能令牠們不堪其擾。

可以肯定的是，一顆白堊紀末期撞上地球的行星對牠們是一大打擊。位於猶加敦半島的撞擊坑，寬度將近兩百公里；撞擊的碎片散落整個北美，彗星富含的銥元素，則散播到全世界每個角落。大片大片的區域被火燒成灰燼，有幾個月的時間，無所不在的塵灰遮蔽了太陽，空氣中的化學物質讓全球都下起了酸雨。

這種情形下，恐龍很快就滅亡了，而以死掉或腐爛植物為食的小型爬蟲類和哺乳類動物度過ＫＴ界線活了下來，某些種子也活了下來。

北達科他州的某處，有百分之八十的植物消失了；這個數目是根據ＫＴ界線上方和下方挖掘出的植物化石數量推算出來的。這時期化石的特徵就是含有小行星撞擊的殘留物，包括銥元素還有震碎的礦物微粒。就在界線的上方，蕨類孢子的數量變多；蕨類可能就屬於在撞擊後仍能繼續生長的植物，它形成的草原或曾短暫主宰整個大地。

在另一個地點，俄國的遠東地區，則只有一種被子植物撐過了ＫＴ界線。

恐龍消失了，花則是慘遭浩劫。

有人說，事情發生的分秒不差。每次大滅絕後，演化速率就會加快。大家都在分出支系，每個人都在朝四方發展。大滅絕通常由棲息地或氣候的重大改變造成，這些變化同時也讓存活物種的族群彼此隔絕。於是新的物種演化出來，世界再度變得熱熱鬧鬧。

＊會叫「ＫＴ」，是因為這界線分隔了白堊紀（Cretaceous period）和第三紀（Tertiary period），所以取這兩個時代的頭一個音，合起來變成「KT」。——譯注

下一個階段是第三紀，也叫哺乳動物時代，同時是開花植物時代。存活下來的被子植物成了新典範，新種、正演化中的花豎立新標竿。早期豆科的花有著翼瓣和一片龍骨瓣；蔓綠絨類的植物為了捕捉昆蟲，而設立佛焰苞和花室。花把管子和距都加長，好容納新種類的昆蟲、鳥、蝙蝠。然後突然間，蝴蝶出現了！

艾斯利寫到：「動作慢，智商低的恐龍儘管令人印象深刻，牠們存在的年代是否曾發展出像今天這般，或攻占地球各角落、或穿梭於樹林間，呈現豐富多元的生命形態，卻是值得存疑的。」

科學家一直在尋找現存最老的花。他們比較了數百種植物葉綠體的突變基因，當電腦程式為這些基因排定大約的年代先後時，無油樟這種奇異的灌木，出現在排序的底端。

無油樟是個活化石，跟全世界第一個開花植物有極接近的親緣關係。它有乳白色小花，紅色果實，只生長於南太平洋上的一個小島。有些植物學家覺得無油樟長得接近花的原型，即第一朵具有完整部位的花。

接近底部，第二老的可能是睡蓮。然後是大茴香，接下來是木蘭。這些花和所有現存在世上的花，都是有能力跨越KT界線的花的後代。它們的源頭，則能追溯到幾百萬年前第一株綠色植物，那個只有針頭大小、一層細胞的厚度，傍淡水而生的植物。

你是株被子植物，在大撞擊後大難不死。你不願重提往事。發現到生命還有更多可能性，於是你變成了株蘭花，這樣的轉變連你自己都很意外。你會滴下香露，裝成一隻胡蜂，設計通行的密道。你懂得取悅蜂類。

有時，你也會依稀記起恐龍。

第十三章

第七次大滅絕……

如果照目前的情況下去，三分之一到三分之二的動植物種類將會在二十一世紀的後半期消失。

「十八個人死了。」

「二十八個人。」

「三十二個了。」

一九九九年七月末，我十一歲的兒子每天都這樣報告。我當時正準備動身，前往密蘇里州聖路易市所舉行的第十六屆國際植物學研討會。有兩週的時間，中西部受熱浪侵襲，使兩百七十一人喪生。兒子只有算聖路易的死亡人數。

熱衰竭會導致疲勞、暈眩、噁心、頭痛、腹部絞痛。皮膚會變得蒼白、濕黏，呼吸變淺，脈搏加快。濕度高時，身體經由出汗，將水分蒸發以冷卻的效率會變差，黏濕多汗的皮膚轉為又熱又乾。最後，熱衰竭轉為熱中暑，腦停止運作，回天乏術了。

那年七月，在密蘇里的聖路易，老者、幼童和病患正因熱中暑而面臨死亡。志工把專為沼澤氣候設計的冰桶和冷氣機帶往城中較貧窮的地區。但有些人拒絕接受幫助，把窗簾拉起，門鎖上；有的則是有冷氣卻不開，要不就是根本沒看到志工。有個女人每兩個小時就爬起來一次，用海綿沾冷水，為祖母擦澡。天亮前，女人從床上爬起，走到沙發一看，祖母已經死了。

研討會在聖路易市中心一座大型會議中心舉行。來自一百個國家的四千位科學家聚在一起討論植物，他們在兩百多場專題討論裡發表了一千五百篇研究。開會的房間很冷，我得穿件薄毛衣。會議每六年舉行一次，但一九六九年後就很少在美國舉行。這會議是一大盛事，是植物學者的朝聖之旅。

今年，會議成了一首輓歌。

大會主席一開場就預言，如果照目前的情況下去，三分之一到三分之二的動植物種類將會在二十一世紀的後半期消失。自然情況下的絕種率是每年每百萬個物種中，會有一個物種絕種；現在絕種的速率則是這個的一千倍，而且將上升到一萬倍。

到目前為止，地球已經歷了六次重大的大滅絕，第一次是五億年前的寒武紀滅絕。西元二〇五〇年，我兒子就六十三歲了，他將會目睹第七次大滅絕的開始。

也有人認為，我正目睹著它的開端，而我兒子將看到它的結束。第六次大滅絕在六千五百萬年前發生，恐龍就是在當時消失的，超過三分之二陸地上的動植物也是。消失的原因仍有些神祕。

第七次大滅絕就不會有什麼神祕的了，我們的孩子將能清楚說出它是如何發生的。

主要的損失會是熱帶雨林。我們正以如此急遽的速度失去這個生態系統，可以預見五十年內，剩下的雨林將只有現在的百分之五。我曾一再地聽人說（而且往往言之鑿鑿），每天每一分鐘有多少多少平方公尺的雨林被砍下了，我每次呼吸、每次心跳時消失的雨林面積又是多少。

我似乎老記不起來那些數字。

大會主席提出了一個計畫以延緩目前的絕種率，包括七項工作重點。計畫需要錢、推行組織，還有相關研究，無一不合理可行。研討會進行間，會有更多計畫提出，全都需要錢、組織，還有研究。禁菸室裡，會議桌四周，男男女女共謀拯救世界的計畫。菁英人士正在私下協議。

至少我希望是這樣。

我坐在會議廳裡，聆聽一位女士指出我們如何把事情搞得一團糟，論點一針見血。人類已把地球百分之五十的陸地變了樣。我們已經把環境中的氮增加了一倍，也讓空氣中會造成溫室效應的氣體增加。科學家不再爭論全球暖化的真實性；每年高溫都刷新紀錄，每年夏天都有一波致命的熱浪。

海洋面臨了危機。岸邊的水域已出現大約五十個死亡帶（無氧或含氧量很少的地區），其中最大的出現在西半球的墨西哥灣，是密西西比河沖刷下的氮和磷造成的。海岸線正在侵蝕。有毒藻華的數量不斷增加，超過百分之六十的珊瑚礁遭到威脅，而

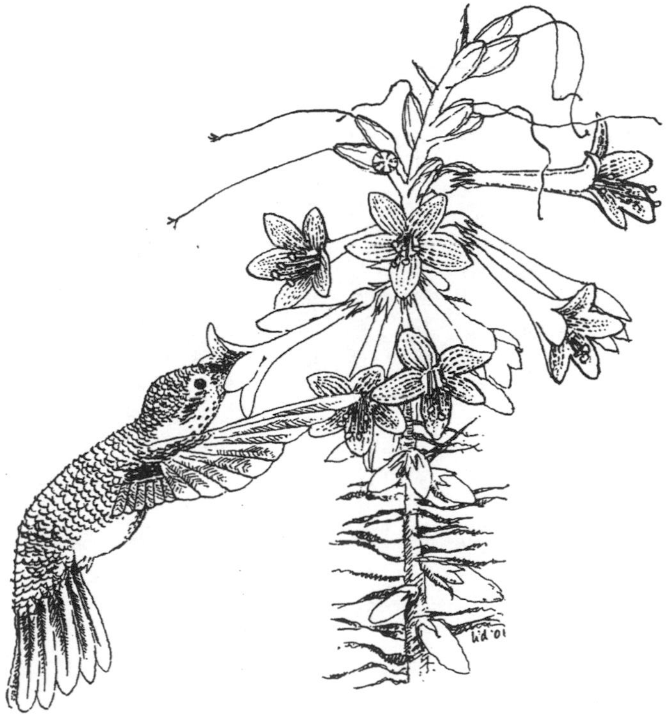

躍升花與寬尾蜂鳥

它們維繫了四分之一海洋野生生物的生存。大部分的傷害都是看不見的，也不受重視。商業拖網漁船根本就把海底給刮得一乾二淨。

讓大海的歸於大海是什麼意思？

那年七月，報紙說世界人口數剛剛達到了六十億。不到四十年前，數量還只有那個的一半；五十年內，我們會是那的兩倍。我是六十億人口之一，我兒子將會是一百二十億人口的其中一個。很明顯，我們已經超額了。

事情到此變得棘手。看看我十一歲的兒子，他是個令人激賞的孩子，就算到六十三歲時仍會令人激賞。儘管我們人數過多，沒有人的價值會因此比其他人少些。

在會議廳裡另一個房間，一位男士談到外來物種的入侵。隨著植物、動物和真菌的散播，疾病和混亂被帶到了世界各地。我們之所以會漸漸失去原有物種，外來物種的入侵要負很大的責任。人類也是共謀；蛇藉由飛機來到原本無蛇的島上；病毒蹦上行李跟著登陸。有時，我們還會特意引進外國品種。

島嶼特別容易遭殃。夏威夷是「世界絕種首都」，美國瀕臨絕種的植物，夏威夷就囊括了三分之一，當地二分之一的野生鳥類也已不復存在。而虛擬島嶼（被人類的開發包圍起來的小型野地）的出現，反映我們正在分割原有棲息地，更是個嚴重的問題。我們正到處製造島嶼。

科學家談到四處蔓生的物種，像是人類，還談到未來地球將充滿雜草。夏威夷的唐納雀將消失，麻雀會留下來。睡蓮將消失，蒲公英會存活。

有沒有問題？

關於外來種的入侵有什麼問題嗎？

全球暖化呢？

絕種？

記者站起來向科學家提問：「以你所知、以你所告訴我們的，你覺得還有希望嗎？」觀眾靜待著。大家盯著科學家的臉看。我們看著他眨了下眼睛，嘴角動了動；看著他望向地面，又再度抬起頭來。回答「是的」的時機已過。

「這個問題並不公平。」他說。

我們才知道，原來「你覺得還有希望嗎？」是個不公平的問題。

我們知道的開花植物超過二十五萬種，還有很多我們沒發現的。我們認為百分之二十五的綠色植物會在未來五十年內滅亡。研究者估計，每週都有一種植物在某處消失；在美國，每三種植物就有一個有絕種的危險。許多絕種的情形應該都是可以預防的。

但我們不抱太大希望。

我們評估花將遭逢的命運時，可能低估了傳粉者受到的連帶衝擊。牠們在世界各地的數量也在減少。一個物種絕種了，對別的物種也會造成傷害，並引起生態鏈上的連鎖反應；這可能代表了一大群動物也將就此消失了。雄性長舌花蜂會拜訪數種蘭花，以取得交配用的香水；雌性長舌花蜂的搜索線很長，能為散落森林各處、生長繁茂的木本植物傳粉。這些植物受到砍伐、放牧，和開發的威脅，蜜蜂也同樣受到威脅。一個物種的繁盛跟另一個物種的繁盛有連帶關係。

我們不是因為殺死了最後一隻旅鴿*，才把整個族群殺光的。真正的原因是我們殺了太多旅鴿，造成族群解體，不能正常運作。事實擺在眼前，那是牠們唯一的生存模式。

大部分的物種都比旅鴿有彈性（只能說但願如此了）。

研討會召開期間，我每天都閱讀有關熱浪的報導。芝加哥有個十四歲男孩躺在床上，奄奄一息。禍不單行的是，能源公司已切斷他媽媽公寓的電力供應，因為她沒繳電費。這可能是她和房東、還有電力公司之間的一個誤會，畢竟她才搬來不久。報導指稱，電力公司說他們感到非常非常地抱歉，因為當他們切斷電的供應、溫度上升後，在熱浪的威力下，母親再也沒辦法讓生病的男孩涼快起來了。

我能想像那女人衝出公寓試圖求援，憤怒而不可置信地大喊：「不可能發生這種事的！」

男孩在她離開時死了。

我看不到那位母親的臉。但我看得到那男孩躺在床上，等待著，皮膚發燙。他知道自己要死了。他病得太重，管不了太多了，但他就是知道。

＊旅鴿是一種野生鴿子，原產於北美洲，但已於本世紀初絕種。牠們常會大批成群結隊覓食，蔚為奇觀。其絕種原因不詳，但推測跟疾病、棲息地遭破壞，和人類大肆捕殺有關。——譯注

第十四章

有所不知

我們對這些植物知道的不多。我們主要研究的是農作物，目的也僅止於實用。紫茉莉依然如謎。曼陀羅依然如謎。白色露珠草依然如謎。

我們每天早上起來，就被種種神奇、重重奧祕環繞。未知令人興奮。生命花了四十億年的光陰才成為今天的樣貌。今早醒來，我們想把一切弄個明白。

我跟羅伯．拉格索相約於亞利桑納州圖克森市的亞利桑納沙漠博物館，在曙光中觀賞天蛾。牠們將現身於一叢叢曼陀羅間。此類植物的別名有「吉姆森草」（jimsonweed）、「刺蘋果」（thorn apple），和「月光花」（moon flower）。曼陀羅有巨大喇叭狀的花，質感如絲，呈乳白色和淡淡的紫，吃下它會產生幻覺，導致失明，甚至死亡。就像神話說的，它的美麗是有雙重性格的。

我從小就是跟這種美麗卻邪惡的花一起長大的。我從不曾對它習以為常；每次看見它，都不禁屏息。

博物館裡的「蛾園」也長滿了一簇簇紫色馬鞭草、黃色的矮月見草、粉紅色的紫茉莉和白色的月見草。月見草很細緻，四片心形花瓣看來只有一層纖維那麼薄，籠罩其上的色彩稍微深些，像覆蓋住年邁老人、或稚齡孩童臉上肌膚的一層面紗。這些花看起來像是被風吹過來的，本來是打算去別的地方。它們看來遲疑不定，彷彿又會隨風而去。

事實上，它們正忙著吐出香味，迎接蛾的到來。

天蛾分布於世界各地。牠頭的下方有根捲起來的吸管狀的喙，用來吸取花蜜。健壯的身體配備有大而堅硬的強壯翅膀，輪廓鮮明。即使在微弱的光線下，天蛾仍能看得很清楚。牠們飛得又快又遠，牠們還懂得控制自己的體溫。

在這個沙漠裡

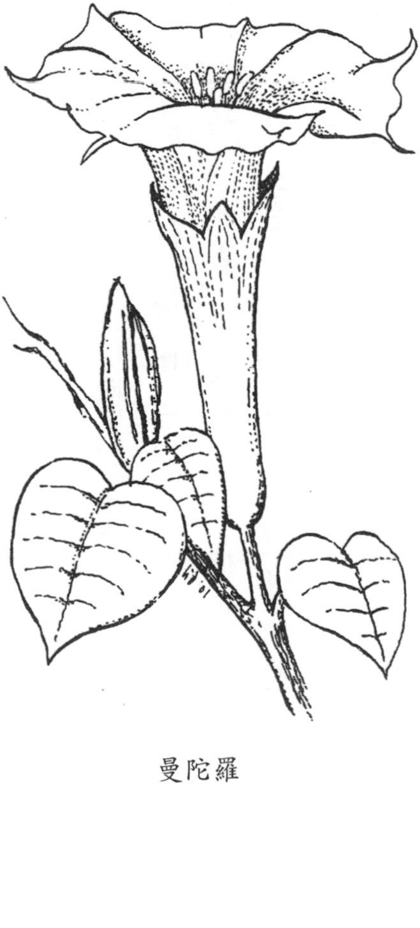

曼陀羅

的天蛾是白條天蛾，這種蛾的四片棕色翅膀上，有粉紅和白色條紋。牠的幼蟲出於天性，會把視線範圍內可以吃的都吃光光，還會像小小的人面獅身般，挺直身子，以一種挑戰的姿態，看看你是否對牠喜歡的這種生活方式有意見。白條天蛾的毛毛蟲呈淺淺的黃綠色，頭是黃色的，身體兩側有淡色斑點，以黑線描出輪廓，而末端有個豔黃或橘色的尖角，看來美麗異常，牠們似乎也知道這一點。

羅伯從小就喜歡蒐集蝴蝶和蛾。在耶魯唸大學時，他學到了蝴蝶吃的是哪些花。等到在研究所研究花香生物學時，他的注意力已經轉向作為食物的花，而非蝴蝶本身。他從由花瓣釋出，最後在天空中飛舞的分子開始著手，希望有朝一日能搞清楚每個細節。

羅伯很喜歡談伯惠繡衣（*Clarkia breweri*）這種比較沒人聽說過的野花，他一九九五年博士論文的題目就是寫這個。屬於柳葉菜科的伯惠繡衣是粉紫色的，四片花瓣分成一個中央裂片及兩個側邊裂片。這小東西看起來既快活又亢奮；它長得很快，適合拿來作基因學研究。目前所知和它同屬的花超過四十種，只有它是有香味的。

羅伯深情地說：「山字草（*Clarika*）這個屬的植物，自古以來就由蜜蜂傳粉，只提供花粉給特定種類的蜜蜂，而且缺乏花香。然而，伯惠繡衣後來竟演化出一條長長的花蜜管，把花粉換成了花蜜，而且加上了香味。這是怎麼回事？」

羅伯花了一年時間研究採集、分析氣味分子的方法。他發現伯惠繡衣的氣味比較單純。該花製造兩種化學分子，包括柑橘屬和薄荷裡常見的萜類化合物；還有苜蓿和肉桂特有的苯構體。跟它親緣最接近的美繡衣也含有微量萜類化合物。伯惠繡衣強化了這些化合物，還添加了不同類的化合物。

再來，羅伯等人要查出花的哪個部分製造什麼氣味，哪些酵素、哪些基因有參與這個過程，這些都是我們前所未聞的。有了香味，這粉紫色的花就能吸引新的傳粉者，如夜行性的天蛾。藉著加大花的體積、提供大量花蜜、且在白天繼續開放，伯惠繡衣也把蜂鳥給吸引過來了。

不過那不是我們現在要談的了。

只要是天蛾有興趣的，羅伯都有興趣。比如說，牠們喜歡聞些什麼？他學會如何記錄天蛾觸角的反應，發現牠們什麼都聞。

我們從來不知道事情原來是這樣的，羅伯覺得這項發現棒呆了。

在圖克森沙漠博物館，羅伯的太太和三個月大的兒子也加入了我們一下。就像所有父母一樣，羅伯喜歡跟寶寶說話，活像小傢伙每個字都聽得懂，還可以用完整句子做出回應：「是的，我現在想換尿布。」「不，我不累，雖然你希望如此。」「對！夕陽是照得我眼睛很不舒服。」

夕陽在亮紫色、呈鋸齒狀的山後落下了，世界變成一片迷濛。就像該出勤了的飛機駕駛，天蛾出現了，隱形似地在重重灰綠色的葉子和鬼魅般的花叢前穿過。

「嘿，快看快看！」羅伯說。

我努力看，但只看出翅膀閃過的痕跡，像連續時空中的一波小小漣漪。

「看哪！」他鼓勵著。

我儘管看不到天蛾，卻能聞到花香——還有些別的。那是一種粉般的甜香，讓我想起祖母擦的胭脂，她跟我們在衛理公會的教堂裡，一起唱「獨步徘徊在花園裡」和「但願榮耀歸於父，子，聖靈，」時，總會唱走調。所有零零碎碎的線索全都攪在一起，變成一系列複雜的回憶：她那彩色螺旋狀花紋的羊毛衣裳，教堂裡擦得雪亮的木頭長凳，那裡的音樂。

像變魔術般，羅伯憑空捉住了一隻天蛾，置於手掌。我差點沒拍手叫好。白條天蛾是蜂鳥的昆蟲版，會振動翅膀，從花冠筒吸食花蜜。那隻蛾掙扎了一會兒。

「看牠多結實有力啊！」羅伯語帶讚嘆，「這傢伙真壯！」

牠是蛾中的功夫英雄。

空氣中瀰漫了香氣、性的氣息、食物，還有回憶。「你想知道的是什麼？」我問他。

他頓了頓，把我們的功夫英雄放走。

「蛾是如何去感受花的？」

大約在二十萬年前，人類演化到了會對外在事物運用想像力。大自然的陽光、樹、草孕育出思想，但我們觀察別的動物時不無戒心。今天能再度有這樣的機會，我們感受到的卻是欣喜之情。因為，當我們在原野意識到自己的聰明，在家裡就會覺得恬適自得。

我們仍在演化當中。我們最先進的科技往往產生於室內或實驗室，那裡總堆滿我們所發明，但不全然了解的工具。羅伯所在的亞利桑那大學的實驗室有氣相層析儀，用來分析花製造的化合物；電腦程式會記錄每個化合物的質譜，這就像化合物獨一無二的指紋。程式再把每個化合物的質譜跟數千種已知化合物作對比，就可判別該化合物為何。儘管如此，還有幾千種化合物是我們不認得的。

羅伯像所有製造香水的人一樣，已訓練出自己的鼻子辨認香味的能力。他可以把氣味這個外在經驗跟一個特定分子配對，然後指出該分子對應的質譜。

人要活得像隻蛾，最多恐怕也只能達到這個地步了。

羅伯喜歡當偵探。當他看到一朵花，他會想：它裡面有什麼？為何它聞起來像葡萄或巧克力，卻沒有兩者的任何成分？什麼使它發光？哪些氣味較突出，掩蓋了其他氣味？哪些氣味參與了合成新氣味的過程？這氣味對昆蟲有什麼意義？

一個問題引出下一個，最後衍生出六千多個問題。

蛾是怎麼去感受花的？

花是怎麼去感受蛾的？

太多太多的誘因，讓我們想從床上爬起來，一探究竟。

由於天蛾能對很多種香味反應，花想要改由天蛾傳粉不必費什麼功夫。它不需要再特別製造某類特定化合物，只要聞起來香就成了。有些植物加強萼片和葉子發出的氣味，有些把防禦用的化合物加以變化；有些利用原有的蜜腺和花藥，有些則演化出新的蜜腺。

現在羅伯想知道，如果他把三種都是晚上開花、也都由蛾傳粉，但分屬三個科別的花拿來比較，會有什麼結果。這三種花分別是月見草、馬鈴薯或蕃茄、還有紫茉莉。這些植物在不同氣候和土壤條件下，改變策略、增加或失去香味的過程為何？是不是演化出自花受精後，植物就失去了香味？香味還能回來嗎？這些模式的出現是以科為單位嗎？

柳葉菜科包括了超過六百五十個種，伯惠繡衣是其中之一，看來弱不禁風的月見草也是（我現在正在圖克森博物館觀察它的傳粉行為），潔白嬌小的白色露珠草也是；希臘的瑟斯女妖就是用白色露珠草把人變成豬的。

我們對這些植物知道的不多。我們主要研究的是農作物，目的也僅止於實用。紫茉莉依然如謎。曼陀螺依然如謎。白色露珠草依然如謎。

在研討會上，帳棚式的會議中心，五千個科學家聚集在一起，連續六天都在討論植物。我感到孤寂，感到悵然若失。

突然間我看到了羅伯。我已經來到會議一小時了，現在突然有個我認識的人，感覺倒像是變出來的。我真想鼓掌。

這類大型會議都有個階層。著名科學家會在全體出席的會議場次中發表演說。各場小型座談會則由五六個科學家朗讀展示他們的論文，通常是些已經發表過的研究成果。海報展參展的通常是年輕一輩的科學家或研究生，他們談論的內容較新，未經發表。研究是在一面海報板上發表的，作風平實。

這次會議中有超過一千張海報，懸掛在近兩公尺公尺高的看板上，隔出一條條可供人瀏覽觀看的通道。羅伯有張講月見草和天蛾傳粉關係的海報。他邀我週三早上九點到十點之間來看他，那個時段是排給海報編號是偶數的作者，他們會站在海報前，向經過的人解說。然後順序會調換，改由海報編號是奇數的作者上場。

展覽廳很大，有種飛機棚的氛圍。我一走進大廳就被迷住了：大廳竟發出嗡嗡聲。整個空氣發出轟隆轟隆的聲響。我進入了蜂窩樣的東西，一個由看板和海報組成的蜂巢，人在其中討論花。蜂巢內很忙碌，很興奮，好多事都正在進行。

並不是全部都跟科學有關。我晃來晃去，蒐集各種句子：「搬家」（Relocation），「一片講求實際的田野」（A very practical field），「他不是個好搭檔」（He's hard to work with），「我的論文委員會」（My thesis commitee），「起薪」（A starting salary）。

不斷有人進入新學校，找新工作，尋求他人指導，把自己的生活安插進蜂巢的生活，層層疊疊的知識於是構成了蜂巢。我幾乎可以看到他們的頭相碰觸、互聞，以交換訊息。

羅伯的海報吸引了對月見草或天蛾有興趣的男男女女。羅伯·拉格索的熱忱使他渾身帶勁，深色的眼珠發出光芒。他剛在大學找到新工作，會教點書，但主要是做研究。他相信有一天所有問題會歸流成一個更大課題，他相信這就是他的人生意義所在。

一個女人停下來看羅伯的海報。她也在研究花的演化及花香。她和羅伯開始跳起交換訊息的舞來。

第十五章 藍玫瑰的煉金術

何不在每個花瓣上都加上一個黃色笑臉？
以藍色為底，點綴些紅斑，再加上個黃色笑臉怎樣？

在鮮花公司工作的植物基因學家，夢想能創造一朵藍玫瑰。

何不在每個花瓣上都加上一個黃色笑臉？以藍色為底，點綴些紅斑，再加上個黃色笑臉怎樣？

……會不會太複雜了？

事實上，我們已經製造出藍色的玫瑰了，我有個長椅就覆滿了這種花。隨便一家百貨公司都有賣某種樣式的藍玫瑰，還有各種人造形狀香味的花朵。我很喜歡買這些東西。

但也許數量太多了點。

坦白說，我連花瓣過多、包住了整個心皮的雙層玫瑰，都不大欣賞。雙層玫瑰跟其他精心栽培出的品種一樣，都是由錯誤造成的。有個基因把錯誤訊息送到本應長成雄蕊的地方，結果該長雄蕊的地方卻接收到色素，變成了花瓣。在花瓣邊緣，你仍然可找到本來是花藥的蓋子，那本來是拿來盛裝花粉用的。

很顯然的，這種突變會讓花無法製造後代，正常的情形下應會死去。但幾百年來，園藝家一直鼓勵這種突變的發生，他們把不同玫瑰雜交育種，製造出為數壯觀的多餘花瓣、新色彩、還有得獎的形狀。

雄蕊很容易就變成花瓣，一朵正常玫瑰背後的演化概念正是如此：花瓣可能本是由萼片旁的雄蕊發展出來的。這樣的突變是有益的，適當擁有幾片色彩鮮豔的花瓣似乎更能吸引傳粉者。其他花的花瓣更明顯是由萼片本身演變過來的。

我們滿心歡喜地拿玫瑰的生殖能力換取欣賞價值。但我們因此失去了香味，大部分的玫瑰聞起來再也不香甜了。事實證明，要透過雜交育種還原花香是很困難的。顯然在花、傳粉者、費洛蒙、和香氣的世界裡，好聞比好看牽涉的過程要複雜的多。

多數在私人庭園和公共造景用的花，都經過雜交育種，以期看起來更美麗、更大朵、更高、開得更久、站得更直，看來積極樂觀，而且面露微笑（微笑！）。

矮牽牛或鳳仙花大部分的顏色，在原野或森林裡都是看不到的。依照一位育種者的說法，有些顏色根本是為搭配人行道的磚頭或非白色的邊框，而特別培育出來的。它們是人的意念促成的人為產物。我們把欲改變的植物，用另一株也許是近親植物的花粉，施以人工授粉，希望得到的雜交種能有我們想要的特質，成為更受市場歡迎的吊鐘柳或是黃色鳳仙花。

鳳仙花是雜交育種的大成功，但目前還沒有黃色的品種。若有一顆這樣的種子拿來做商業用途，將會很值錢。光是美國人，每年在開花植物和灌木的開銷就高達數十億，大部分都是花在雜交種上面。而每年約有一千種新的雜交種引進鮮花市場。

許多花園和公共造景的花都是外來者。如果在天氣炎熱乾燥時來到某個城市觀光，你將看到產於世界各個炎熱乾燥地區的植物。來自巴西的花定居洛杉磯，來自中國的花遷移到安娜堡。這些花通常也經過雜交育種，以更適應本地環境。

外來者繁殖得太成功會有點危險。

不過這一切的確是很吸引人。九重葛和天堂鳥花長滿我的天井，頃刻間，我覺得自己像個夏威夷皇后。我為小池添了些荷花，當它的花瓣展開時，至高無上的神就顯現。我另外種了棵老虎百合和色彩豔麗的木槿。這是個設計師的伊甸園，河山乾坤大挪移，生態系統相混，想像力和眼前植物同樣逼真。天井豐富多姿，隨著想像力，隨著不屬於自然的結合，隨著人類的裝腔作勢顫動著。

當然，藍玫瑰不是隨隨便便雜交配種就能得到的。矮牽牛有個基因負責製造叫花翠素（飛燕草色素）的色素，矮牽牛、鳶尾花、紫羅蘭、牽牛花的藍就是它製造的。一九九一年有個鮮花公司複製該基因，把它嵌入到玫瑰花裡，但沒有什麼反應；這也許因為該基因被玫瑰裡的其他色素掩蓋了，也或許因為花翠素的分子只有在高pH值（酸性低）的環境下才會顯示藍色，而大部分的玫瑰花瓣的酸性都太高了。該公司現在希望找出控制花瓣內酸鹼值的基因，或是把該品種跟天生酸性較低的玫瑰雜交。

該公司已經用他們複製，且取得專利的藍色基因，製造出紫色的康乃馨，黑色康乃馨也即將上市。他們還有一種康乃馨，能在你家餐桌上的花瓶裡待上一個月都不會凋謝。美國和歐洲的立法者必須批准紫色康乃馨上市。這從來都不是問題，他們會批准任何一個雜交種。顯然這些立法者不認為一朵紫色康乃馨的基因物質會隨便跑出來，轉換到四周的植物裡。基因改良過的康乃馨花粉不多，且埋藏在花的深處，此外康乃馨一經剪下，就不再製造花粉。何況，即使（可能性極低）一個鄰近的野生康乃馨的近親，得到因經基因改良、呈現紫色的親戚授粉，而且成功製造出有生殖力的種子，全新的紫色種子，還是不禁令人覺得「那又如何？」

大眾不太擔心紫色康乃馨或藍色玫瑰，但他們對基因改良作物的感覺就不同了。例如我們給作物加入抗除草劑的基因，這樣我們噴除草劑時就可以只殺死雜草。令人擔憂的是，該作物會跟附近植物雜交，產生出一種超級雜草，能抗藥或抗害蟲，或者，任何作物能抵抗的東西它都能抵抗。

甚至能「抵抗」某種我們意想不到的東西。

來自某種常見土壤細菌的基因已接合到玉米上，創造出不怕玉米螟的作物。美國有幾千畝的土地種植這種玉米，該基因同樣也運用到馬鈴薯和棉花上。直到九〇年代末期，我們才知道這些經改造作物的花粉會毒害帝王蝶。

我們正插手自己不懂的關係。這不是新聞了，打從人類撿起石頭，把它削成箭頭時，我們就開始插手了。我們不顧一切要改變這個世界。我們從不曾回顧。

我們就是這樣。

我的花園不要藍玫瑰，但我喜歡藍色。我家附近山上長了一種叫鴨跖草的多年生草本植物，它三片花瓣形成的三角邊長約二．五公分，顏色比天藍色深一點，比靛青淡一點，比較接近群青色。它在拂曉時開花，中午時凋謝。花從一片葉子伸出，看起來很細緻；而葉子是捲起來的，愈靠尾部愈細。或許因為它那形似眼淚的葉子，有些人稱鴨跖草為「寡婦之淚」，也或許另有原因。鴨跖草不會長一大叢，因此感覺很稀有。它突然就這樣出現了，在草叢間閃爍。

我第一次，還有每次看到鴨跖草是什麼感覺？它是這般的優雅而獨特，超乎我的理解，更超乎我的感知。鴨跖草是個美麗的藍色之謎。如果你堅定尋求，你將在這花裡看到上帝。你會感到全身通透，清明如玻璃。你甚至能隱隱感受己身以其他型式存在會是怎樣的感覺。

藍玫瑰並不是另一種型式的存在。藍玫瑰是個藍得很漂亮的藝品，滿好玩的，也許放在花園裡那個角落，襯托著白牆壁，倒也是很搭調。但是跟天井的磚擺在一起就不行了，若放在九重葛旁邊就更刺眼了。

身兼作家和文化批評家的李夫金闡揚「質轉」的理念，意指「生命體精髓的改變」，跟中古世紀的鍊金術是同一個概念。

中古時期的鍊金術士相信，所有的化學元素都可轉變成其他元素。自然是連續的，就像個電扶梯可供我們搭乘。而且，所有的金屬都在轉變成黃金的過程中。終極轉化這個概念構成強而有力的象徵，揭示人類也可以昇華成靈魂。

李夫金寫道：

質轉藝術致力於改善現有的生物，並設計出全新的物種，意圖讓他們呈現最好的一面。但不僅只於此。它也是人類嘗試定義人和自然的關係時，賦予的一個玄學意義。質轉是一種對大自然的新思考，這種思考將開啟歷史的新紀元。

藍玫瑰是新紀元的產品。

有了生物科技，玫瑰又發出香味了。一家鮮花公司把柑桔屬植物的酵素基因嵌入玫瑰，玫瑰便發出檸檬香。遲早我們會把其他香味加入花中。藍玫瑰可以聞起來像肉桂、烤麵包，甚至是你頭一個孩子撲過爽身粉的肌膚。

我們分離、複製基因，並把它放進其他植物的能力，已大大加速了各種研究。開白花的阿拉伯芥已完成基因定序，現在各地的科學家正把基因嵌入這種小小芥菜，或把基因從它取出，看看會有什麼結果。在同代的幼苗中，我們可看出當某個基因缺乏、存在、及另外添加（或者過度表現）時，有何影響。

有個簡稱ＡＮＴ的基因，是專門控制花和葉的大小的。當ＡＮＴ被嵌入植物的基因組時，植物長出的花和種子會變大；當ＡＮＴ自基因組移除時，製造出的花和種子就較小。

花的成長是我們對植物最不了解的部分之一。不過每天都拼湊一點，我們對它的知識已與日俱增。我們知道某個基因開啟對生長激素的反應。另一個基因若產生突變，則會讓子房產生變化。還有，那個基因呢？

就這樣，花的祕密一下就洩漏光了。

將來，我們種的作物將可在我們選擇的時間、環境下，以指定的方式開花。在自家花園中，我們可以控制花的顏色、花瓣的形狀，還有關於花香的回憶。

藍玫瑰必定會照著我們教它的去做。

我有時感到滿矛盾的。

洛杉磯有個花園，我有時會去逛逛。花園旁邊是高速公路，花一排一排擠在一堆，一朵朵亮麗的比鄰而居。有美國鵝掌楸、梔子花、倒掛金鐘、繡球花、茉莉、紫藤、百合、鳳仙花、長春花、百日草、大麗菊、馬鞭草、雛菊、木槿、以及玫瑰、玫瑰、玫瑰、玫瑰。大部分的花都是雜交種，許多都掛了牌子提醒我：這是植物專利法指定保護的植物，禁止無性繁殖。

這些植物很快就會進行基因改造。

我站在此地，附近全是花，不禁感動落淚。我已被興奮之情感染。如此美麗，如此豐饒。美麗與豐饒，鍊金術和質轉，所有魔術，一個接著一個，無止境地循環下去。我的心跳加速，心胸一片空明。

花搭上了自然的電扶梯，一級又一級全速攀升。

第十六章　植物療法

有些植物能拾取並吸收有毒金屬，把它安全地存放在莖和葉的細胞中，用來抵禦昆蟲或防止感染。這些植物現在被拿來清理被汙染的土地。

我裸身坐在溫泉裡，水溫是誘人的攝氏四十度，散發濃濃薄荷香，我頭頂是白楊還有楂木的枝葉，黃色的懸崖從樹的上方崩落，再往上望就是藍天了。我滑入池水更深處，把頭枕在岩石上，闖入了岸邊由一朵小花、一隻螞蟻、還有一隻牠的同伴演出的小劇場，形成對立的局面。

我朋友在旁邊，也是赤身裸體。她蒼白的腿不時動一動，揚起一陣泥，褐色的土染黑了她的左胸。這溫泉是峽谷中許許多多溫泉裡的一個，世紀之交時，這一帶蓋了家肺病療養院，人類希望自然能醫治他們。他們為這裡的陽光、空氣、還有土地的力量而來，有些人痊癒了，有些沒有。

幾年後，一家療養院關門了，土地被買來當牧場，然後牧場也經營不下去了。一九七〇年代，一群嬉皮買下了這塊地，夢想著把這裡變成一個無國界的社區。這也算另一種型式的治療。這些嬉皮的後代仍住在這兒，他們裸著身體走來走去，選定沐浴的溫泉，然後泡一個長長的澡。

薄荷池那兒有個向北延伸的峽谷。友人和我決定要沿著棕黃的懸崖下方走，這些懸崖不過兩層樓高。一條小河從圓形岩石和柔細的沙子間蜿蜒流過，我們裸著身、赤著腳，慢慢穿越一塊又一塊的岩石。一棵杜松伸出手來要抓我的肉，長得很高的草在陽光和石頭的陰影間混戰。一瞬間，我感到與世隔絕。

我們需要自然來治療。

我朋友說她不願意我寫她的身體，所以我得寫我的。我的身體沒什麼特別，我對它的想法也很一般，譬如肚子軟趴趴的，胸部看起來不錯等等。我轉個方向，發現了贅肉，感到不太自在。其實這沒什麼道理，除了我以外，沒有人在看我。友人舒服地移動赤裸的大腿，她活在一個裸體是正常的世界裡。

花直接用來醫病，已有相當一段歷史。我們的處方藥裡，有四分之一含有開花植物的某部位或其合成物。另一方面，世上植物僅有百分之一我們有研究過它們的療效。

民間醫學裡，馬達加斯加的長春花是治療糖尿病的藥方。研究者著手研究這種花時，發現到該植物的萃取物可以降低白血球計數，抑制骨髓的活動。實驗分離出了兩種化學物質，可用以對抗兒童白血病。有了這些藥物，病童的存活率由百分之十增加到百分之九十五。

幾世紀來，非洲的行醫者很推崇一種叫苦可樂樹的植物治感染的能力。九〇年代的奈及利亞研究人員發現，苦可樂樹內的化合物可能可以抵抗伊波拉病毒。這種病毒感染的典型特徵是大出血，會致人於死，象徵所有我們面臨的可怕疾病——突變的病毒，以及從叢林和其他被我們擾亂的地方冒出來的傳染病。我們還沒有防治伊波拉病毒的方法，現在苦可樂樹可能是個救星。

跟友人穿過新墨西哥州某峽谷的路上，我們在一棵狀貌邋遢的耶摩麻櫟前停了下來，它灰綠色葉子形狀尖銳，葉緣鋒利。只要是櫟樹或橡樹，任何一部分都有防腐抗菌的效果。橡樹是最基本的止血劑，可以清洗傷口，喉嚨發炎時可以拿來漱口，割傷時可以當藥膏。

我四周全是跟人體有關或有治療效果的植物。怒髮衝冠的絲蘭是一種類固醇。毛蕊花是一種溫和的鎮靜劑，它的根則會增加膀胱的張力，避免尿失禁；杜松也可治療膀胱炎；洋蓍草還能凝血。

我的身體跟杜松和洋蓍草的化學成分交錯在一塊，我膀胱的狀態跟毛蕊花的根有關係。

我們怎能質疑自己也是自然界的一員？

在每個有植物的棲地，我都發現一籮筐具療效的植物。在美西，月經陣痛時我可以服用當歸、矢車菊、花土當歸、月見草、甘草、益母草、歐薄荷、牡丹、普列薄荷、覆盆子、天竺葵、或是龍艾。患扁桃腺炎時我可以試試細點合薊、牻牛兒苗、冬寒葉、錦葵、委陵菜、委陵菜、灰毛紫草、或鼠尾草；被曬傷了，就輪到吊鐘柳和薊罌粟派上用場；薊罌粟的汁液也曾用來治療角膜混濁，它同時也能治療攝護腺發炎。

我站在崩落的黃色懸崖下，為自己沒穿衣服感到難為情。我軟趴趴的肚子露在外面，虛榮心露在外面，驕心露在外面。除了在床上和沐浴時，我何曾像這樣站著，一絲不掛？

在診所裡、醫院中，當我陷於病痛中，也唯有光著身體，才能得到醫治。我必須裸裎以對。

二十世紀前半葉，內科醫生巴哈發現自己對植物具有超人的敏銳。他靠近某些植物時會覺得平靜放鬆，有些植物則會使他反胃。巴哈漸漸相信，花的「液體能量」進入泉水中，經陽光加熱後，摻入些白蘭地，能治療人類最根本的疾病：情緒病。他列舉了三十八種花的療法，大部分都可以在他家幾公里的範圍內找到。這些花針對像是「恐懼」、「不確定感」、「對眼前事物欠缺興趣」、「對外來想法、影響過於敏感」、「意志消沉」、「過度替人著想」等毛病，共分成七類。

七種分類底下還有細目。猴面花主治的是可以言喻的恐懼，而白楊的柔荑花序則對付不明的恐懼感。鐵線蓮可以使活在夢中、非現實的人恢復正常，忍冬則把活在過去的人拉回現世。馬拉巴栗是開給被同一意念纏繞的女人，紫羅蘭、鳳仙花、掃帚樹是寂寞的建議處方。

「巴哈花療法」至今市面上仍在賣。它的基本信念是，我們的生化與細胞部分，能靠其他更微妙的能量調整到更佳狀態。這種能量吸收在經絡當中，中國人叫作「氣」，印度人叫作「普拉拿」。花能影響這能量流，能產生波動，打通經絡。它們能擔任觸媒的角色。

多年來，巴哈的原作已有增修。原來的名單上沒有向日葵，而如今身為具療效的花，向日葵可推薦給無法擺脫驕心的人，對自尊心低落的人也有效。「巴哈花療法」很容易成為笑柄。事實上，裡面的方子可說是充滿自嘲口吻。但我不願取笑它。至少，不想笑得太過火。

我把這一切視為隱喻，把隱喻看作我們思考和生活的基本元素。我也相信向日葵可以治癒驕傲，而我的確知道紫羅蘭可以減輕我的寂寞。

植物修復（phytoremedation）這個詞源自 *phyto* 這個字，意指植物；而 *remedation* 指的是修復治療的行為。植物修復是科學的新領域，市場的新商機。有些植物能拾取並吸收有毒金屬，把它安全地存放在莖和葉的細胞中，用來抵禦昆蟲或防止感染。這些植物現在被拿來清理被汙染的土地。

在波士頓郊區的一家後院（小孩已禁止在那兒玩耍），高山菥蓂吸著土地裡的鉛、鋅、鎘。大部分的植物無法耐受超過五百 ppm 的鋅含量，但高山菥蓂竟能儲存達兩萬五千 ppm 的鋅*。在某廢棄的鋅提煉場，高山薪蓂吸收鋅的比率，竟然在第二、三年還繼續增加。最後，已被汙染的植物就被連根拔起，再安全地銷毀。

至於其他的開花植物，也有人正在考慮其他可以派上用場的地方。白楊已被用來清除地下水中的含氯溶劑，苜蓿可以用來清除石油。在印度，水生植物用來處理皮革加工廠產生的鎘。有些植物去除土壤裡的具爆炸性的化合物，如黃色炸藥ＴＮＴ的危險性。曼陀羅能帶走像鉛之類的重金屬，甘藍菜能降低放射性粒子的含量。

向日葵也能吸收儲存放射性物質。一家紐澤西的公司用向日葵為生產鈾元素的工廠去除汙染，水耕槽裡的向日葵根部成了廢水的生物過濾系統。在車諾比爾進行的實驗發現，發生輻射外洩的反應爐附近的一個池子裡，有百分之九十五的放射性鍶都被向日葵吸收了。一九九六年，美國和烏克蘭的國防部，在一個原是導彈地下發射井的地點，象徵性地灑下了向日葵的種子。

向日葵在美國仍是重要的經濟作物，經濟價值在於其種子及葵花油。整個中西部都是大片大片的向日葵田，像是燃燒中的橘黃色旗子。

祕魯的印加人過去把向日葵當作太陽和太陽神的象徵來膜拜。人們再次為向日葵傾倒，把它在花園裡種下。他們已然懾服，甘心再次俯首膜拜。

也許我們需要花的醫治。

也許我們需要脫光衣服，讓花瓣灑落肩膀、滑下肚皮、擦過大腿。也許我們需要赤身躺在長滿野花的原野。也許我們需要赤裸走過美。也許我們需要赤裸走過色彩；也許我們需要赤裸、走過香氣。也許我們應該赤裸走過性與死。也許我們需要感受肌膚上的美。也許我們應該置身無所不在的花叢間，走過花粉道。

我們仍舊聞得到我祖母花園裡的香氣。我的祖母依然活在這世上。

＊ ppm 為 parts per million 的縮寫，500 ppm 即百萬分之五百。——譯注

延伸閱讀與後記

牆縫裡的花啊
我把你拉出縫隙
連根整株握在手裡
小花一朵
然而若我能知道你是什麼
根加上整株
究竟是怎麼一回事
那我應能明瞭
上帝為何
人類為何

——丁尼生（Lord Alfred Tennyson）

第一章　美的物理

有關尼安德塔人喪葬的資料，主要是來自 Arlettte Leori-Gourhan 的 “The flowers Found in Shandiar IV, a Neanderthal Burial in Iraq”, *Science 190*（November 1975）。

引述迪拉德的話是從她的散文集 *Teaching a stone to talk: Encounters and Expeditions*（New York: Harper Collins Books, 1982）選出來的。

引述李奧帕德的話出自 *Sand County Almanac*（New York: Oxford University Press, 1949）。

Frederick Turner 的著作 *Rebirth of Value: Meditations on Beauty, Ecology, Religion, and Education*（State University of New York Press, 1991），對書中提到的主題或宇宙的趨勢有更多論述。

類似主題也可見 Brian Swimme 和 Thomas Berry 的 *The Universe Story: From the Primordial Flaring Forth to the Ecozonic Era*（San Francisco: Harper, 1992）等書。

更多有關巨花魔芋可以在教科書和 Susan Millius 的作品 The Science of Big, Weired Flowers, *Science News 156*（September 11, 1999）。

一本我常參考的大學用書是 Randy Mooreet 等人的 *Botany*（Wm. C. Brown, 1995），他們選的〈Leonardo the Blockhead〉一文，簡介了向日葵螺旋狀種子數的數學原理。這份參考資料通常稱為「the Fibonacci series」。

Andy Coghlan 的著作 Sensitive Flower, *New Scientist*（September 26, 1998）漂亮地把有關花如何「看」、「聞」、「觸」、「嚐」最新研究作了個整理。

還有許許多多其他人，針對這個課題做出深入探討，如 Stephen Day, "The Sweet Smell of Depth," *New Scientist*（September 7, 1996），Garry C. Whitelan and Paul E. Devlan, "Light Signaling in Arabidopsis," *Plant Physiology Biochemistry 36*（1998）, issue 1-2，還有 Paul Simon, "The Secret Feelings of Plants," *New Scientist* October 17, 1992。

有關蝙蝠和花如何使用聲納傳信，Dagmar von Helverson and Otto con Helverson, "Acoustic Guide in a Bat-pollinated Flower," *Nature* April 29, 1999 裡有更多資訊。

第二章　盲眼窺視者

因腦傷而失去看見色彩能力的人，在《火星上的人類學家》（Oliver Sacks, “An Anthropologist on Mars” New York: Alfred Knopf, 1995）有提到。

Moore et al., Botany 給了我一段關於可見光譜還有花瓣色素的功能的精采描述。

Deni Brown, Alba: The Book of White Flowers（Portland, OR: Timber Press, 1989）對白色花有完整詳盡介紹，包括白色花如何、又為何看起來是白色的。

Rob Nicholson, “The Blackest Flower in the World,” *Natural History* 108（May1999）可以找到「瓦哈卡之花」的資料。

Moore et al., Botany也一段落叫 “Why Plants Are Not Black”。

蜜蜂的資料有很多來源。

自然我沒有錯過 Karlvon Frisch 開先河的著作，如 *Bees: Their Vision, Chemical Senses, and Language*（Ithaca, NY.: Cornell University Press, 1971），還有 The Dance Language and Orientation of Bees（Belknap Press, Cambridge, MA1967）。

想涉獵些歷史還有背景知識，看看 Georgii A. Mazokhin-Porshnyakov, *Insect Vision*

（Plenum Press, New York, NY1969）的譯本會有幫助。

還有一本很棒的書是我常推薦的：Fredrich G. Barth, *Insectsand Flowers: The Biology ofa Partnership*（Princeton, NJ.: Princeton University Press,1991）。

另一個針對昆蟲的行為和生理，很重要的參考來源是 Michael Proctor, Peter Yeo,and Andrew Lack, *The Natural History of Pollination*（Portland, OR: Timber Press,1996）。

奇卡（Lars Chittka）也提供了很多資料，是個大功臣。

當今許多最前端的昆蟲視力研究都是出自他手，特別是關於蜂類看到的顏色方面的。

他跟本章關係最密切的著作，是 Lars Chittka and Randolf Menzel, "The Evolutionary Adaptations of Flower Colours and the Insect Pollinators' Colour Vision," *Journal of Comparative Phsysiology* A 171（1992）、Lars Chittka, Avi Shmida, Nikoklaus Troje, and Randolf Menzel, "Ultraviolet as a Component of Flower Reflections and the Colour Perception of Hymenoptera," *Vision Resolution* 34, no. 11, p. 1489-1508（1994）、Lars Chittka and Nickolas Waser, "Why Red Flowers Are Not Invisible to Bees," *Israel Journal of Plant Sciences* 45（1997）、Peter Kevan Martin Giurafa, and Lars Chittka, "Why Are There So Many and So Few White Flowers?" *Trends in Plant Sciences I*（August 1996）、Lars Chittka, "Bee Colors Are Not Optimal for Being Coded: Why?" *Israel Journal of Plant Science* 45（1997）、還有 Lars Chittka and Nickolas Waser, "Bedazzled by Flowers," *Nature*, August 27, 1998。

本章的原稿本來有更大的篇幅，討論為何白花在蜜蜂眼裡是綠色的，而為什麼綠色的葉 子看起來又會是灰的。

原文如下：「會反射紫外線的白花其實很少見，大部分人類看起來是 白色的花，像雛菊這種花，是吸收紫外線的。

他們對蜂類來說不是白色的，因為它們並沒有 反射所有蜜蜂可見光譜的光。
它們反射的是藍和綠，所以蜂類看到的就是藍和綠。
對蜂類來說，雛菊綠色、鋸齒狀的葉看起來說不定是灰的。
一堆綠葉反射到蜂類眼裡時，既一致又顯得單調黯然。
以人類來看，葉子在紅光範圍內吸收的光較多。」

蜂類在花出現前就已經有了色彩視力，這個說法也是出自奇卡的研究，轉述於 Kathleen Spiessbach, "The Eyes of Bees," *Discover*, September1996。

Chittka 的幽默和個人風格可以在他關於花色（flowercolorcoding）的文章〈Bees Color Vision〉裡看到：「但我們是怎樣知道兩億年前的昆蟲看到的世界是什麼顏色的？製造時間機器的計畫總是碰壁，要證實這些資料實屬不易，於是演化生物學者改採稱為種系比對分析的策略。」

瓦瑟（Nickolas Wase）也是本章和其他章的重要參考作者。

一個有關文章是 Nickolas Waser, Elvia Melendrez-Ackerman,and Diane Campbell, "Hummingbird Behaviorand Mechanism of Selectionon Flower Colorin Ipomipsis" *Ecology* 78, no.8（1998）。

我也要提到 Beverly J. Gloverand Cathie Martin, "The Role of Petal Shapeamd Pigmentin Pollination Successin Anitirrhinummajus," *Heredity* 80:778-784 no.6, June 1998；和 Adrian Horridge, "Bees See Red," *Trendsin Ecologyand Evolution* 13（March 1998）；還有 A. G. Dyer, "The Color of Flowersin Spectrally Variable Illuminationand Insect Pollinator

Vision," *Journal of Comparative Physiology* A 183（1998）: 203-212 no.2 August 1998。

Stephen L. Buchman and Gary Paul Nabhan, *The Forgotten Pollinators*（Washington DC.: Island Press, 1996），對於授粉配搭的應用與其歷史有精采討論。

懷斯（Martha Weiss）在蝴蝶的授粉行為做了數量可觀的研究。

我用了她在 "Innate Color Preferences and Flexible Color Learning in the Pipevine Swallowtail," *Animal Behavior* 53（1997）: 10431052 no. 5。

懷斯也提供了在 Susan Millius 這位作者在 "How Bright is a Butterfly" *Science* News 153（April 11, 1998）說的：「蜜蜂是昆蟲世界裡的智多星。」

同書較前面的部分也說到：「蝴蝶常被侮辱，說牠笨到沒辦法從一朵濕的矮牽牛找路出來。」

此外，懷斯也是主要提供我有關花如何變色的資訊的人：Martha Weiss, "Floral Color Changes as Cues for Pollinators," *Nature* 354, November 1991、以及她的 "Floral Color Change: A Widespread Functional Convergence," *American Journal of Botany* 83, no. 2（1995）。

我也該提到 Linda F. Delph, "The Evolution of Floral Color Change Pollinator Attraction Versus Physiological Constraints in Fuchsia Excorticata," *Evolution* 43, no. 6（1989）。

第三章　玫瑰香

這一章能完成，有兩本書功不可沒：D. Michael Stoddart, "The Scented Ape: The Biologyand Culture of Human Ordour"（New York: Cambridge University Press, 1990）；還有 Diane Ackerman, *ANatural History ofthe Senses*（New York: Random House, 1990）。

Stoddart 討論到人類如何去除自己天然的體味，而人類文化又是如何使用氣味和香水的，Ackerman 將同一主題加以申論。

Roman Kaiser, The Scent of Orchids: Olfactoryand Chemical Investigations（Basel, Switzerland: Elvier,1993）以及其他有關書籍文章，讓我對花製造香味的方法有了深一層認識。

Rob Raguso "Floral Scent Productionin Clarikabreweria," *Plant Physiology* 116（1998）：

599-604 no.2，給我了一個花釋放氣味的實例。

我對動物如何偵測到香味的了解，主要來自 Konrad Colvow,ed., R. H. Wright "Lectureson Insect Oflaction"（Burnaby, B. C. Canada, Simon Faser Unkversity,1989），還有 T. L. Payne, M. C. Birth,and C. E. J. Kennedy,eds., *Mechanismsin Insect Olfactin*（Oxford, England: Clarendon Press,1986）。

B. S. Hansson, "Olfactionin Lepidoptera," *Experientia* 51（1995），也給了我些幫助。

很多書都有討論到花與傳粉者的專一性，而瓦瑟堅定地提醒我，這還是個尚待進一步研究的觀念。

我由他的兩個著作入手："Flower Constancy: Definition, Cause, and Measurement," *American Naturalist* 127（May 1986），還有 "The Adaptive Nature of Floral Traits, Ideas, and Evidence," *Polluation Biology*（由 Leslie Real 編輯，Orlando, FL.: Academic Press, 1983）。

談論昆蟲的覓食和嗅聞行為的文章包括 M. Girufa, J. Nunez, amd W. Backehaus, "Odour and Colour Information in Foraging Choice Behavior of the Honeybee," *Journal of*

Comparative Physiology 175（1994）：773-779、Martin Hammer and Randolf Menzel, "Learning and Memory in the Honeybee," *Journal of Neuroscience* 15（March 1995）、還有 B. Gerber et al., "Honey Bees Transfer Olfactory Memories Established During Flower Visits to a Proboscis Extension Paradigm in the Laboratory," *Animal Behavior* 52, 1079-1085 no. 6, 1996。

全球農業的資料，我是從 Colier's Encyclopedia, s.v. "Agriculture." vol. 21（out of 24） New York: P. F. Collier, 1984 查到的。

關於性和食物的交互作用，還有些其他段落，Elizabeth A. Bernays, ed., *Insect-Plant Interactions*, vol. 5（Boca Raton, Fl.: CR C Press, 1994）給了我很大的幫助。

其中 H. Dobson 寫的〈Floral Volatilesin Insect Biology〉這一章，內容完整翔實，更是解決我不少疑難。

蛾和象的費洛蒙有共通之處，是我在 Stephen Day, "The Sweet Scent of Death," New Scientist, September 7, 1996 上看到的，資料出自 Bers Rasmussen在 Oregon Graduate Institute of Scienceand Technology 的研究成果。

Stoddart在The Scented Ape裡講到女人和麝香的實驗，同時對於跟人體類固醇相似的花的化合物，有更深入的介紹。

有關巨花魔芋和食蠅芋的資料，很多書都可以找的到，例如David Attenborough, *The Private Life of Plants: ANatural History of Plant Behavior*（Boston: Compass Press,1995）。

另一個簡介性質的參考資料是Bastiaan Meeuseand Sean Morris, *The Sex Life of Plants*（New York: Faber Publishers, NY,1984）。

這些書也談到很多聞起來像真菌、雌性胡蜂之類生物的花。

「男扮女裝」的故事在這些書和其他很多書都有談到。

其他我參考的文章還包括Marlies Sazima et al.,: “The Perfume Flowers of Cyphomandra（Solanaceae）: Pollunationby Euglossine Bees, Bellows Mechanism, Osmophores,and Volatiles,” *Plant Systematiicsand Evolution* 187,（1993）: 51-88。

Florian P. Schiestl et al., “Variation of Floral Scent Emissionand Post-Pollination Changesin Individual Flowers,” *Journal of Chemical Ecology* 23, no. 12 1997），是眾多討

論這主題的文章之一。

M. Gierfa, "The Repellent Scent Mark of the Honeybee *Apis mellifera ligustica* and Its Role as Communication Cue During Foraging," *Insect Society* 40（1993），提到有些蜂有寫「備忘錄」的習慣。

Ackerman, Natural History of the Senses，說「歡樂」是世上最名貴的香水。

第四章　未來的面貌

我要謝謝我的鄰居種了西番蓮。

Peter Bernhardt, *The Rose's Kiss: A Natural History of Flowers*（Washington, D. C.: Island Press, 1999）裡面花的形狀的論述，相當精采。

他也讓我知道了植物學家在談論花時，會用的詞彙。

本書中有引用的部分出自他的〈The Pig in the Pizza〉一章。

Moore et al., Botany 也把花的各部位剖析的很清楚。

講演化的段落特別難寫，題目本身就相當複雜。

我參考了好幾本書，有 Niles Eldredge, *Life in the Balance: Humanity and the Biodiversity Crisis*（Princeton, N. J.: Princeton University Press,1998）、同作者的另一本著作 *Fossils: The Evolution and Extinction of Species*（New York: H. N. Abrams, 1991）、還有 E. O. Wilson, *The Diversity of Life*（New York: W. W. Norton and Company, 1992）。

也是講同一題材，David Quammen, *The Song of the Dodo* 也很好讀。

猴面花的最新研究出自 Susan Milius, "Monkeyflowers Hint at Evolutionary Leaps," *Science News* 156（October16,1999）。

蜂鳥的喙是如何演化成配合花冠，見於 Ethan Temeles and Paul Ewald, "Fitting the Bill?" *Natural History* 108（May1999）。

以下的書幫上些忙。

R. Dawkins and J. R. Krebbs, "Arms Race between and Within Species," *Proceedings R. Society of London B205*, 489-511（1979）; Candace Galen, "Why Do Flowers Vary?" *Bioscience*49（August1999）; Graham Pyke, "Optimal Foraging in Bumblebees and Coevolution with Their Plants," *Oecologia*（Berl.）36.281-293,（1978）。

達爾文的話是從他一八五九年出版的《物種源始》摘錄出來的，轉載於 Fredrich Barth 的 Insects and Flowers。

第五章　花間情事

Lack, *Natural History of Pollination*；Barth, *Insects and Flowers*；Berndardt, *The Rose's Kiss*；Moore et al., Botany、Karl Niklas, "What's So Special about Flowers?" *Natural History* 108（May 1999）等對花的性的描寫，給了我很大幫助。

同時我也推薦 Karl Niklas, *The Evolutionary Biology of Plants*（Chicago, University of Chicago Press, 1997）。

我還有用到 Bob Gibbons, *The Secret Life of Plants*（Blandford, London, England, 1996）。

瓦瑟提醒我在討論天擇理論時，要避開一些爭議處；並提醒我，性的實用和功能都還只是理論。

在他的鼓勵下，我查閱了一些文章，如 F. F. Green and D. L. G. Noakes, "Is a Little Bit of Sex as Good as a Lot?" *Journal of Theoretical Biology*, 174, 87-96（1995）；Harris Bernstein, Gregory S. Byers, and Richard Micod, "Evolution of Sexual reproduction: Importance of DN A Repair, Complementation, and Variation," *American Naturalist* 117（April 1981）；D. G. Lloyd, "Benefits and Handicaps of Sexual Reproduction," *Evolutionary Biology* 13, 69-111（1980）；L. Nunney, "The Maintainance of Sex by Group Selection," *Evoultion* 43（1989） 245-257，還有 Nickolas Waser and Mary Price, "Population Structure, Frequency-Dependent Selection, and the Maintainance of Sexual Reproduction," *Evolution* 36（1982）。

我還閱讀了更多科普文章，像是 Bryant Furlow, "Flower Power," *New Scientist*, January 9, 1999。

第六章　夜在燃燒

這一章的資料很多都是澳洲阿德萊德大學（University of Adelaide）環境生物學系的賽摩爾教授提供的。

他的著作有“Plantsthat Warm Themselves,” *Scientific American*, March1997、“Analysis off Heat Productionina Thermogenic Lily Arum, *Philodendron sellloum*,by Three Calorimetric Methods,” *Thermochimica Acta*193（1991）,91-97。

我也讀了 Roger Seymour, George Bartholomew, and Christopher Barnhart, “Respiration and Heat Production by the Inflorescence of *Philodendron sellloum* Koch,” *Planta*157（1988）; Roger Seymourand Paul Schulz-Motel, “Thermoregulating Lotus Flowers,” *Nature*, September26,1996; Roger Seymourand Paul Schulz-Motel, “Temperature Regulation Is Not Associatedwith Odor Productioninthe Dragon Lily（Dracunculusvulgaris）”（posterpresentedat Sixteenth International Botanical Congress）; Roger Seymourand Army J. Blaylock, “Swtiching ofthe Thermostat: Thermoregulation by Eastern Skunk Cabbage（*Symplocarpus foetidus*）”（poster presented at Sixteenth International Botanical

Congress）。

另外幾篇文章也派上用場。

包括 Bastiaan Meeuse and Ilya Raskin, "Sexual Reproduction in the Arum Family, with Emphasis on Their Mogenicity," *Sexual Plant Reproduction*（1998） 1: 3-15、Gerhard Gottsberger and Ilse Silberbauer-Gottsberger, "Olfactory and Visual Attraction of *Eriscelis emarginata*（Cyclocephalini, Dynastinae） to the Inflorescences of *Philodendron sellloum*（Aracae）," *Biotropuca* 23, no. 1（1993）; Hanna Skubarzm William Tang, and Bastiaan Meeuse, "Oscillatory Heat Production in the Male Cones of Cycads," *Journal of Experimetal Botany* 4（Febuary 1993）、最後是 Bastiaan Meeuse, "The Voodoo Lily," *Scientific* American, July 1996。

第七章　鬼把戲

Judith Bornstein 是位演化生物學教授，出版作品有：Judith Bronstein, "Our Current

Understanding of Mutualism," *Quarterly Review of Biology* 69（March 1994）; Judith Bronstein, John F. Addicott and Finn Kjellberg, "Evolution of Mutualistic Life Cycles: Yucca Moths and Fig Wasps," in *Insect Life Cycles: Genetics, Evolution, and Co-ordination*,由 Francis Gilvert 編輯（New York: Springer-Verlag,1990）、還有 Judith Bronstein and Yaron Ziv, "Costs of Two Non-Mutualistic Species in a Yuccan/ Yucca Moth Mutualism," *Oecologia*（1997）112:379-385。

其他資料來源包括：Olle Pellmmyr and Chad Hurth, "Evolutionary Statibility of Mutualism Between Yuccas and Yucca Moth," *Nature*, November17,1994、M. C. Ansteet, Judith Brontstein, and M. Hossart-Mckay, "Resource Allocation: A Conflict in the Fig/ Fig Wasp Mutualism," *Journal of Evolutionary Biology* 9, 417-428（1996）; Judith Bronstein, Didier Vernet, and Martine Hossart-Mckey, "Do Wasp Figs Interfere with Each Other During Oviposition." *Entomologia Experementailset Applicata* 87:321-324（1998）; Susan Millius, "How Moths Tell if a Yucca's a Virgin," *Science News* Vol.156（July3,1999）; Jerry Powell, "Interrelationship of Yuccas and Yucca Moth," *Trends in Evolution and Ecology* 7

（January1992），）;還有 A. J. Tyre and J. F. Addicott, "Facultative Non-mutualistic Behavior by an 'Obligate' Mutualist:' Cheating by Yucca Moths," *Oecologia*（1993）94:173-175。

Stephen Buchmanand Gary Paul Nabhan, *The Forgotten Pollinators*，對絲蘭和絲蘭蛾間的夥伴關係，有精采描述。

達爾文的話是從他的《物種源始》中摘錄出來的。

會欺騙的傳粉者比行騙的植物少，這段話是引自 Jorge Soberon Mainero and Carlos Martinez del Rio, "Cheating and Taking Advantage in Mutualistic Association" 從 Douglas Boucher 編輯的 *The Biology of Mutualism*（New York: Oxford University Press, 1985）選出。

同 批作者也討論到「占便宜者」（*aprovechado*）的現象。

布拉迪介紹了我好幾篇講偷、搶花蜜的文章，包括 Alison Brody and Rebecca lrwin, "Nectar-Robbing Bumblebees Reduce the Fitness of *Ipomopsis aggregata*（Polemonicea）," *Ecology*, in press; Alison Brody and Rebecca lrwin, "Nectar Robbing in *Ipomopsis aggregata*: Effects on Pollinator Behavior and Plant Fitness," *Oecologia*（1998）116: 519-527、

還有 Alison Brody, "Effects of Pollinators, Herbivores, and Seed Predators on Flowering Phrenology," *Ecology* 78（6）1007 pp. 1624-1631 no. 6，以及其他著作。

Meeuse and Morris, *The Sex Life of Plants* 談到了各種花的陷阱、騙術、還有模仿行為。

本書也描述了好幾種「殺手」般的天南星科植物。

會淹死無辜食蚜蠓的那種睡蓮（*Nymphaea capensis*，即南非睡蓮）這本書也有提到。

Nymphaea capensis 這種植物也出現在

其他著作，如 Ethan Temelesand Paul Ewald, "Fittingthe Bill," *Natural History*108（May1999），有個小專欄講花的狠毒，很精采。

談雛菊和行軍蟲的是 Dennis Bueckert, "Plant Warfare," *Canadian Geographic*, July 1994. 螞蟻擔任的授粉角色可參閱 Proctor, Yeo, and Lack, *The Natural History of Pollination*. Douglas Boucher, "The Idea of Mutualism, Past and Future," in *The Biology of Mutualism*, edited by Douglas Boucher（New York: Oxford University Press, 1985），把政

治和科學定義的互利共生連在一起。

本章有個引言沒註明出處，其作者是瓦瑟，他的研究可見於很多文章，其中有幾篇已在前面的書目提過了。

還沒提到的有 Nickolas Waser and Mary Price, "What Plant Ecologists Can Learn from Zoology," *Perspectives in Plant Ecology, Evolution, and Systematics* vol.1/2 pp.137-150, 1998、Nickolas Waser et al., "Generalization in Pollination Systems and Why It Matters," *Ecology* 77（June1996）、還有 Nickolas Waser, "Pollen Shortcomings," *Natural History* 7, no.93（1984）。

第八章　光陰

主要的資料，包括有關物理的、鐘的例子，還有分隔兩地的雙胞胎等等，都是出自史蒂芬．霍金《時間簡史：從大爆炸到黑洞》。

很多書都有談到仙人柱。

我用了 Gary Paul Nabhan, *Desert Legends: Re-storying the Sonoran Borderlands*, with photography by Mark Klett（New York: Henry Holt and Company, 1994）。

引用的部分包括「醜小鴨」這名字，還有「魅力有如來自枯枝的擁抱」這樣的形容詞。

他也提到自己第一次見到仙人柱的花時，一時以為那是丟棄的手電筒。

我也查閱並引用了 Susan Tweit, *Seasons in the Desert: A Naturalist's Notebook*（San Francisco: Chronicle Books, 1998）。

若想進一步了解銀市的歷史和各種宴會，可以造訪銀市博物館。

該館的負責人是聲譽崇高的 Susan Berry。

Bernhardt, The Rose's Kiss，對花的生命歷程有多處精采的描寫和剖析。

要想多認識世紀花，Tweit, *Seasons in the Desert*，還有 Nabhan, *Desert Legends* 是不錯的資料。

第九章　旅人

關於花粉，Bernhardt, *The Rose's Kiss*、Barth, *Insects and Flowers*、還有 Proctor, Yeo, and Lack, *The Natural History of Pollination* 都有精采論述。

「一層細密、獨家的自己」是引自 Douglas Boucher, ed., The Biology of Mutualism（New York: Oxford University Press,1985）。

其他參考的書包括 S. Blackmore and L. K. Ferguson, eds., *Pollen and Spores: Form and Function*（Orlando, Fl.: Academic Press,1985），尤其是 W. Punt 寫的那一章 "Functional Factors Influencing Pollen Form"; 還有 Irene Till-Bottraud et al., "Selection of Pollen Morphology: A Game Theory Model," *American Naturalist* 144（September1994）。

尼德蘭葬禮的資料主要來自 Arlette Leroi-Gourhan, "The Flowers Found in Shanidar IV, a Neanderthal Burial in Iraq," *Science* 190（November1975）。

德國發生的謀殺案，我讀了 R. Szibor et al., "Pollen Analysis Reveals Murder Season," *Nature* 395（October 1998）。

這件事大概發生的過程可見 Meredith Lane et al., "Forensic Botany," *Bio Science* 40

（January 1990）。

杜林裹屍布的資料可見 Avinoam Danin, "Traces of Ancient Flower Pollen on the Shroud of Turin: New Botanical Evidence to Date and Place the Burial Cloth of Jesus of Nazareth"（media presentation at the Sixteenth International Botanical Congress, St. Louis, Mo., August 1999）。

很多報紙文章也有談到相同主題，如 Jack Katzenell, "Plant Cues Place Shroud in Holy Land," *Albuquerque journal*, June 16, 1999。

有關振動傳粉，我讀了 Stephen Buchman, "Buzz Pollination in Angiosperms," in *Handbook of Experimental Pollination Biology* edited by Eugene Jones and John Little（Princeton, N. J.: Princeton University Press, 1983）、還有 Susan Milius, "Color Code Tells Bumblebees Where to Buzz," *Science News* 155（April 3, 1999），以及其他文章。

有些前面提過的書籍文章有談到蜜蜂的生活史。

我很喜歡 Susan Brind Morrow, "The Hum of Bees," *Harper's Magazine*, September 1998。

納瓦霍的詩我是在 Margaret Link, ed., *The Pollen Path: A Collection of Navajo Myths*（Stanford, Calif.: Stanford University Press, 1956）看到的。

第十章　一個屋簷下

Andy Coghlan, "Sensitive Flower" in *New Scientist*（September 26, 1998）對目前針對花如何「看見」、「聞到」、「觸摸」和「品嚐」的最新研究，做了個總整理。

還有為數眾多的文章，談論相關課題，例如 Stephen Day, "The Sweet Smell of Death," *New Scientist,* September J,1996、Gary C. Whitelan and Paul E. Devlan, Light Signaling in Arabdopsis, *Plant Physiology Biochemistry* 1998 36（1-2）125-133、還有 Paul Simons, "The Secret Feelings of Plants," *New Scientist*, October 17, 1992。

關於植物碰到暴雨時的反應，Stephen Young, "Growingin Electric Fields," *New Scientist,* August 32, 1997 做了些假設。

Autar K. Matooand Jeffrey C. Suttle,eds., *The Plant Hormone Ethylene*（Boca Raton, Fl.:

CR CPress, 1988），提供了有關荷爾蒙的重要參考資料。

Bernhardt, *The Rose's Kiss* 也討論了促使花朵開始發育的因素。

為了解植物的相互溝通，我特別參閱了 Jan Bruin, Maurice W. Sabelis,and Marcel Dicke, "Do Plants Tap SO SSignalsfrom Their Infested Neighbors?" *Trendsin Evolutionand Ecology*10（April1995）; Irene Sconleand Joy Bergelson, "Interplant Communication Revisited," *Ecology* 76（December 1995）; Marcel Dicke et al., "Jasmonic Acid and Herbivory Differentially Induce Carnivore Attracting Plant Volatiles in Lima Bean Plants," *Journal of Chemical Ecology* 25, no.8（1999），以及其他著作。

想對花的社群有基本認識，可讀讀 Proctor, Yeo, and Lack, *The Natural History of Pollination*。

想多了解「毒他作用」，可參考的教科書很多，包括 Moore et al., Botany, and in articles like Gail Dutton, "Yo Buddy-Outa My Space," *American Horticulturist*, Vol. 72 March 1993，還有 Chang-hung Chou, "Roles of Allelopathy in Plant Biodiversity and Sustainable Agriculture," *Critical Reviews in Plant Sciences* 18, no. 5（1999）。

討論植物如何使用根的文獻包括 Dutton, "Yo Buddy-Outa My Space"和 A. Tayler, J. Martin, and W. E. Seel, "Physiology of the Parasitic Association Between Maize and Witchweed（Striga hermonthica）," *Journal of Experimental Botany* 47, no. 301（1996）、以及 Charles Mann "Saving Sorghum by Foiling the Wicked Witchweed," *Science*, August 22, 1997。

James Tumlinson, W. Joe Lewis, and Louside E. M. Vet, "How Parasitic Wasps Find Their Hosts," *Scientific American*, March 1993 等等著作則討論植物和胡蜂之間的關係。

銹菌的模仿行為，我查閱了 Robert Raguso and Barbara Roy, "Floral Scent Production by Puccinia Rust Fungi That Mimic Flowers," *Molecular Ecology*（1998）7:1127-1136、和 Barbara Roy, "Floral Mimicrybya Plant Pathogen," *Nature* 362, March 1993。

很多教科書都有談到警戒擬態和謬勒擬態。

我也讀了些文章，像是 Barbara Royand Alex Widmer, "Floral Mimicry: AFascinatingyet Poorly Understood Phenomenon," *Trendsin Plant Sciences* 4（August1999）、James Marden, "Newton's Second Law of Butterflies," *Natural History* vol.1（January1992）、

Lori Oliwens, "Royal Flush," *Discover*, January1992; 及 James Brownand Astrid Kodric-Brown, "Convergence, Competition, and Mimicryina Temperate Community of Hummingbird-Pollinated Flowers," *Ecology* 60, no.5（1979）。

Quammen, The Song of the Dodo，關於達爾文和華萊士的爭議，有精采描述。

本書也記載了貝茲和華萊士的探奇旅程。

我也讀了 Henry Bates, The Naturalistonthe River Amazon: ARecord of Adventures, *Halfits of Animals, and Sketches of Brazilian and Indian Life*（Dover Publications, 1975）和 Mea Allan, *Darwin and His Flowers: The Key to Natural Selection*（Taplinger Press, 1977）。

第十一章　巴別塔和生命之樹

本章的重要參考書籍是 William Steam, *Botanical Latin*（Hafner Publishers, 1966），而讀讀這兩本書的某些部分也會很有幫助：Moore et al., Botany 以及 Tod F. Stuessy, *Plant*

Taxonomy: The Systematic Evaluation of Comparative Data（New York: Columbia University Press, 1982）。

有關 Carl Linnaeus 的資料來源很多，包含 Tore Frangsmyr, ed., *Linnaeus: The Man and His Work*（Science History Publications, 1994），和 Bil Gilbert, "The Obscure Fame of Carl Linnaeus," *Audubon* Vol. 86（September 1984）。

為了取得分類學的最新資料，在第十六屆國際植物學研討會，我出席了談這個主題的幾 個場次（一九九九年八月，密蘇里州聖路易市）。

我也讀了 Brent Mishler, "Getting Rid of Species," in *Species: New Interdisciplinary Essays*（Cambridge, Mass.: MI T Press, 1999）、Rick Weiss, "Plant Kingdoms, New Family Tree," *Washington Post*, August 5, 1999、Susan Milius, "Should We Junk Linnaeus?" *Science News* 156（October 23, 1999）、William Stevens, "Rearranging the Branches on a New Tree of Life," *New York Times,* September 23, 1999，還有 Glennda Chui, "Tree of Life Proposal Divides Scientists," *Mercury News*, September 23, 1999，本文可見湛綠計畫（Deep Green）的網頁http://ucjeps.herb.berkeley.edu，用 "bryolab" and "greenplantpage" 檢索。

“Team of Two Hundred Scientists Presents New Research That Reveals Full Tree of Life for Plants”（國際植物學研討會發表的新聞稿，一九九年八月四號）。

Jeff Doyle, “DN A, Phylogeny, and the Flowering of Plant Systematics,” *Bio Science* 43（June1993）。

第十二章　花與恐龍

像是綠色植物起源於淡水而非鹽水等演化的最新觀念，我是從參加該研討會的幾個主要場次得知的。

相關資料也可以參見 Kathryn Brown, “Deep Green Rewrites Evolutionary History of Plants,” *Science Magazine* 285（September1999），Deep Green 的網頁上也可以找到這篇文章。

Loren Eiseleys 的散文 “How Flowers Changed the World”，後由 San Francisco: Sierra Club Books 於一九九六年出版成書，書中附有圖片。

Bernhardt, *The Rose's Kiss* 和 Moore et al., *Botany* 將花演化的故事細細道來。

Else Marie Friis, William G. Chaloner, and Peter R. Crane, eds., *The Origins of* Angiosperms *and Their Biological Consequences*（New York: Cambridge University Press, 1987），是個重要參考書，特別是以下幾章 Else Marie Friis, William G. Chaloner, and Peter R. Crane, "Introduction to Angiosperms"; Peter R. Crane, "Vegetational Consequences"; Else Marie Friis and William Crepet, "Time and Appearance of Floral Features"、William Crepet and Else Marie Friis, "The Evolution of Insect Pollination"; M. J. Cow et al., "Dinosaurs and Land Plants." 也可參閱 Conrad C. Labandeira, "How Old Is the Flower and the Fly?" *Science* 280（April 3, 1998）、Ge Sun et al., "In Search of the First Flower," *Science* 282（November 27, 1998）; Peter R. Crane, Else Marie Friis, and Raj Pedersen, "The Origin and Early Diversification of Angiosperms," *Nature*, March 2, 1995、Ollie Pellmyr, "Evolution of Insect Pollination and Angiosperm Diversification," *Trends in Evolution and Ecology* 7（February 1992）; 和 David Winship Taylor and Leo Hickey, "An Aptian Plant with Attached Leaves and Flowers," *Science* 247（February 9, 1990）。

紐澤西發現的花的化石，記載於 William Crepet, "Early Bloomers," *Natural History* 108（May 1999），以及 Carol Yoon, "In Tiny Fossils, Botanists See a Flowery World," *New York* Times, December 21, 1999。

恐龍時期的植物景觀是我在研討會習得的。相關場次包括 Peter R. Crane, "Plants and Flowers from the Age of Dinosaurs: New Discoveries and Ancient Flowers"（研討會的一場演講）。

很多書籍文章都有談到恐龍滅絕的原因以及相關爭議。可參考 Carl Zimmer, "When North America Burned," *Discover*, February 1997。我同時推薦 Frank De Courten, The Dinosaurs of Utah（Salt Lake City: University of Utah Press,1998），還有 Tim Haines, *Walkingwith Dinosaurs*（BB CWorldwide,1999）。Kirk Johnson, "Leaf Fossil Evidencefor Extensive Floral Extinctionatthe Cretaceous-Tertiary Boundary, North Dakota, US A," *Cretaceous Research*（1992）13, 91-117 專門討論了KT界線和當時的植物絕種情形。

想了解大滅絕和生態地位的缺落（emptyniches），可以讀讀 Eldredge 的 *Fossils*，書中對生態的失衡有詳盡介紹。

無油樟的故事是有人在同年研討會上報告的。

Susan Milius, "Botanists Uproot Their Old Tree of Life," *Science News* 156（August 7, 1099）也是談同件事。

第十三章　第七次大滅絕

當地及全國性報紙提供了一九九九年夏天熱浪的種種統計數據。

例如可參考 Bob Herbert, "When Summer Turns Deadly," *New York Times*, August 8, 1999。

幾篇同年研討會新聞稿提供了有關絕種的重要資料。

包括 "World's Biodiversity Becoming Extinct at Levels Rivaling Earth's Past Mass Extinctions"、"Nearly Half of Earth's Land Has Been Trans-formed by Humans: Fifty Dead Zones Found in Oceans"，和 "World Conservation Union（IU CN） Mobilizes International

Team of Experts to Save Plant Species”。

很多人也有發表有關絕種和人類如何造成絕種的研究（例如，雷文（Peter Raven）〔研討會主席〕, “Mass Extinction of the Earth’s Plant Species: Can We Prevent It?”、Jane Lubchenco, “The Human Footprint on Earth: New Research”、Mike Wingfield, “Alien Invasions: Combating Aggressive Takeovers”、David Brackett, “Survival of Plant Species: A Plan of Action for the New Millennium”、及 Gregory Anderson, “Threatened Islands: Storehouses of Biological Treasures”）。

還有很多場次都跟本主題有關。

書籍方面，可參閱 David Quammen, “Planet of Weeds,” *Harper’s Magazine*, October 1988。

要想多了解島嶼生物的絕種情形，絕不可錯過 Quamman, *Song of the Dodo*。

想深入了解植物的絕種情形，可參考 Sally Deneen, “Uprooted,” *E: The Environmental Magazine* 10（July1999）、Carol Kearns, David Inouye,and Nickolas Waser, “Endangered Mutualisms: The Conservation of Plant Pollinator Interactions,” *Annual Review of Ecology*

Systematics 29, 1998, 83-112、Fred Powledge, “Biodiversity at the Crossroads,” *Bioscience* 48（May1998）、和 Carol Kearnsand David Inouye, “Pollinators, Flowering Plants and Conservation Biology,” *Bio Science47*（May 1997）等等。

第十四章　有所不知

除了和羅伯討論、向他請教外，我也讀了他和 Mark Willis 寫的 “The Importance of Olfactory and Visual Cues in Nectar Foraging by Nocturnal Hawkmoths,” *Proceedings of Third International Congress of Butterfly Ecologyand Evolution*（Chicago: University of Chicago Press,2000）、還有 Robert Ragusoand Eran Pichersky, “A Day in the Life of a Linalool Molecule: Chemical Communications in a Plant Pollinator System,” *Plant Species Biology*（即將出刊）、Natalia Dudareva et al., “Floral Scent Productionin *Clarkia breweri*,” *Plant Physiology* 116（1998）、以及 Robert Raguso and Barbara Roy, “Floral Scent Production by Puccinia Rust Fungi That Mimic Flowers,” *Molecular Ecology*（1998）。

第十五章　藍玫瑰的煉金術

本哈特的 The Rose's Kiss 對雙層玫瑰和玫瑰的演化有精采論述。

想知道更多雜交育種的事，可讀讀 Steve Kemper, "Ron Parker Puts the Petals on Their Mettle," *Smithsonian* 25（August 1994）。

至於那段講到花色和有色的邊，則是引用自 Ron Parker。

"Programs Are Launched to Analyze Impact of Bt Corn on Monarch Butterflies," *Chemical Market Report* 256（November 1999）和 "Of Corn and Butterflies," *Time* 153（May 1999）都談到了基因轉植的玉米和其所牽涉的爭議，以及它對蝴蝶可能造成的傷害。

想知道更多藍玫瑰的事，可看看 *New Scientist*, October 31, 1998 的文章：David Concar, "Brave New Rose"、Phil Cohen, "Running Wild"、Martin Brookes and Andy Coghlan, "Live and Let Live"、以及 Debbie Mack, "Food for All"。

我也參考了 Andy Coghlan, "Blooming Unnatural," *New Scientist*, May 22, 1999、Rozanne Nelson, "Not Making Scents," Scientific *American*, September1999、Ruth Pruyne, "Green Genes," *Penn State Agriculture Magazine*（winter1997）、還有 Ruth Pruyne,

"Shedding Light," *Breakthroughs*（magazineforalumni ofthe College of Natural Resourcesat University of California Berkeley,summer 2000）。

引用李夫金的段落則是來自他的 *Biotech Century*（Penguin Putnam, 1998）

第十六章　植物療法

向日葵清除輻射的資料，我參閱了 Andy Coghlan, "Flower Power," *New Scientist*, December 6, 1997。

另外一篇講植物修復的文章也寫的很好：Amy Adams, "Leta Thousand Flowers Bloom," *New Scientist*, December 1997。

第十六屆國際植物學研討會有無數的演講和論文發表都跟植物修復有關，包括 Ilya Ruskin 在研討會用多媒體呈現（mediapresentation）的 "Plants That Are Decontaminatingthe Environment." 苦可樂樹的資料來自 Maurice Iwu, "Ethnobotany: A New Plant Discovery to Cure Disease"（mediapresentationat Sixteenth International Botanical

Congress, St. Louis, Mo., August 1999 於第十六屆國際植物學研討會以多媒體發表），還有 "Edible Plant Stops Ebola Virus in Lab Tests"（press release of Sixteenth International Botanical Congress, St. Louis, Mo., August 1999 文章出自第十六屆國際植物學研討會）。

許多報紙雜誌都有針對此發現的追蹤報導。

長春花的資料出自 Systematics Agenda, 2000, Charting the Biosphere（distributed at Sixteenth International Botanical Congress, St. Louis, Mo., August 1999 發表於第十六屆國際植物學研討會）。

針對植物的藥用功能，我參考了 Michael Moore, Medicinal Plants of the Mountain West（Museum of New Mexico Press, 1979）等資料。

關於花的萃取物，我查閱了 Clare Harvey and Amanda Cochrane, *The Encyclopedia of Flower Remedies: The Healing Power of Flower Essences Around the World*（Thorsons, 1996），還有 Anne McIntyre, *Flower Power*（New York: Henry Holt, 1996）許多書籍文章也有談到向日葵，例如 Rita Peiczar, "The Prodigal Sunflower," *American* Horticulturist, August 1993。

索引

人物

文獻與作品

植物

一至五畫

六至十畫

十一至十五畫

十六至二十畫

二十一畫以上

動物

地名

其他

一到五畫

六到十畫

十一到十五畫

十六到二十畫

二十一畫以上

花朵的祕密生命：解剖一朵花的美、自然與科學

作　　者　蘿賽（Sharman Apt Russell）
譯　　者　鍾友珊
責任編輯　陳雅華、周宏瑋、王正緯（五版）
編輯協力　羅凡怡、吳聘婷、王瑛、陳振銘、胡嘉穎
專業校對　童霈文
版面構成　張靜怡
封面設計　廖韡
行銷統籌　張瑞芳
行銷專員　段人涵
出版協力　劉衿妤
總 編 輯　謝宜英
出 版 者　貓頭鷹出版

發 行 人　凃玉雲
發　　行　英屬蓋曼群島商家庭傳媒股份有限公司城邦分公司
104 台北市中山區民生東路二段 141 號 11 樓
劃撥帳號：19863813；戶名：書虫股份有限公司
城邦讀書花園：www.cite.com.tw／購書服務信箱：service@readingclub.com.tw
購書服務專線：02-2500-7718~9（週一至週五 09:30-12:30；13:30-18:00）
24 小時傳真專線：02-2500-1990~1
香港發行所　城邦（香港）出版集團／電話：852-2877-8606／傳真：852-2578-9337
馬新發行所　城邦（馬新）出版集團／電話：603-9056-3833／傳真：603-9057-6622
印 製 廠　中原造像股份有限公司
初　　版　2002 年 4 月／二版 2004 年 12 月／三版 2010 年 6 月／四版 2016 年 9 月
五　　版　2022 年 8 月
定　　價　新台幣 450 元／港幣 150 元（紙本書）
新台幣 315 元（電子書）
I S B N　978-986-262-563-7（紙本平裝）／978-986-262-566-8（電子書 EPUB）

讀者意見信箱　owl@cph.com.tw
投稿信箱　owl.book@gmail.com
貓頭鷹臉書　facebook.com/owlpublishing

【大量採購，請洽專線】(02) 2500-1919

城邦讀書花園
www.cite.com.tw

國家圖書館出版品預行編目資料

花朵的祕密生命：解剖一朵花的美、自然與科學／蘿賽（Sharman Apt Russell）著；鍾友珊譯 . -- 五版 . -- 臺北市：貓頭鷹出版：英屬蓋曼群島商家庭傳媒股份有限公司城邦分公司發行 , 2022.08
面；　公分 . --
譯自：Anatomy of a rose: exploring the secret life of flowers
ISBN 978-986-262-563-7（平裝）

1. CST：植物學

370.3　　111009489

本書採用品質穩定的紙張與無毒環保油墨印刷，以利讀者閱讀與典藏。